記書

忘

我們來替爸爸記住

郜瑩

看到劉銘和劉鋆兄妹寫的這本書「忘記」，我流淚了……

因為我的父親也與劉伯伯一樣，自10多年前因為罹患老年失智症後，一點一滴的「忘記」了許許多多屬於他生命的記憶。

多年來一直在用筆與聲音，去替許多人事物做過「記憶紀錄」的我，在面對這時而清醒能識得我；時而糊塗的對著摟他、親他的我害羞的說：「你不要這樣對我動手動腳的，別人看到了會說閒話的。」的父親，竟然絲毫沒有動念過，要如劉銘和劉鋆兄妹般，在父親還沒有全都「忘記」前，去了解和「替他記得」他的一生，真是令我思之就倍覺懊悔與羞愧的啊。

在閱讀劉銘和劉鋆兄妹替他父親「記得」的那些，屬於他父親也

是他與親人相處，快樂的、感傷的、溫馨的點點滴滴生命記憶時，

我憶起曾經觀賞過的一個，讓來賓將家中的「傳家寶」拿給古董專家們作鑑定評價的電視節目。

那些由祖祖輩輩留下來給子孫的「想念」，被展示於大眾面前，然後經由專家們去鑑別真假、標上價錢。

只見被鑑定為高價古物的，擁有的子孫眉開眼笑；被認定為不值錢的先人遺物，擁有者臉上則充滿了失落之情。

看到這些大悲大喜的劇目，我心中升起一個疑問？

究竟什麼才是傳家寶？

什麼才能被子子孫孫視作珍寶，代代傳承下去？

一位「家大業大」的朋友，曾跟我們這些「平民百姓」說：「如

果人可以選擇出生的家庭，我希望能跟你們交換。」

我們多不明白「含著金湯匙出生」的他，願捨棄「一輩子都花不完」的家當，而寧願降生在平凡人家的心願，究竟貪圖的是啥？

「只是想能和你們一般，可以『收藏』到一些，父親同在晚餐桌上聽我們孩子講話吵鬧、跟我一起看圖畫書、陪我打球游泳、替我繫上鬆掉的鞋帶、熬夜幫我趕勞作、跟我說些有關他「小時候」的事……供我在想起父親時，除了錢，還有讓我感覺到溫暖想念的東西。」

原來，一些能夠將「愛的痕跡」一代代傳承下去，讓家人感受到彼此的相愛，將全家人能夠黏合在一起，讓孩子生活得更開心與安心的記憶，才是每家人最值得驕傲珍藏，沒人可去評比的「無價之寶」啊！

在一點一點「忘記」所有的劉伯伯和我的父親，有一天會「忘記」一切……

不過沒關係，我們做他親人子女的會替他記得。

序

失去擁有　擁有失去

經典雜誌總編輯
王志宏

看著劉鋆與他父親互動的情況，我一直心裡有著如此的問號，如果他父親沒有老年失智症，這個有著相同父親的形貌、身軀的親切陌生男子，他能任她抱、親與逗弄，（說逗弄是大人對小孩親暱行為，但現在則是大人對另一個「大人」的形體，但無寧是大人與小孩般的行為）她能跟他說很多話，但這些話卻是這個大人在她年幼時曾說過的：這個東西不能吃？這個東西不能玩？而卻不用顧慮到一般父親始終很難卸下的長者尊嚴這張面具？

面對親人的失去，在我這個半百年齡已是殘忍但又不得不熟悉的無常感覺。但也是經由劉伯伯，我第一次能長時間來觀察與思索，生老病死這個輪迴的種種面貌。我以前所見過的老年失智症，是僅有一次在市區巷弄裡的看護中心，誤入二層樓的病房，其中二三十位的男女患者，或走或坐或站，而看護人員用了內外的多層電子鎖來防止這些患者的出門，那種記憶消失後的人群，空洞而陌生又懷疑的眼神，那是種很令人揪心又難忘懷的感覺。

也許，我們習於加法，從體能、智慧、經驗、感情與財富。我們擁抱新生兒，期望在他空白的人生上，加添你我未能實現的理想！卻逃避減法！我們竭盡所能來延遲自己的衰老，卻也無法面對親人肉體上的凋零！曾經將你撫養長大的雙親，卻逐漸地陌生，最終如同路人甲乙，這是多麼殘酷的現實！但失智症就是這麼回事，它彷彿將人一生的記憶如同剝洋蔥般的層層卸下，每一層的失落，患者無心亦無力，但總是耗上家人一把鼻涕一把淚的代價！遺忘，就如同一把尖銳的利刃，切割了萬千的情感絲！

劉家兄妹在他們父親八年前罹患失智症開始忘東忘西之時，仍試著去維持他每天的吃飯、下午茶、睡覺等固定作息，也依然晨昏定省。然而，劉伯伯也開始忘了如何回家，開始忘了太太，忘了子孫，直到忘了走路，最終忘了呼吸，也忘了心跳。這幾年間，與父親形體更親密的相處，他全家人卻因此不自覺地記住他父親的種種，於是一方原本無意識的失去，卻成了另方的擁有！子女們在害怕忘記時，卻更忠實的替爸爸記住，於是從長輩拼配出父親之前如何從東北到台灣山區執教等大時代巔沛流離的插曲，在台灣如何成家立業，而各子女媳婦分別追憶父親的種種，父親受教的學生，與一度寄居劉家的兒子摯友紛紛灌注了對劉伯伯的記憶，於是原本已一片白的劉伯伯一生，竟也額外地編織成繽紛旅程，曾如大樹般地如何傳承與庇護著家庭與學生。

老年失智症對家庭來講，幾多是折磨，而患者的一生通常會令家庭因著辛苦的照顧，而無法從容去回想而最終選擇淡忘。如此一本忘記書，一方是劉家家譜的劉樹田篇。另方，又是愈多的受失智症所苦的家庭另一種啟蒙書。此書或許是另一種對待，另一種觀點，劉樹田先生或許在晚年逐漸失去他原所擁有的，但最終卻巧妙地讓子女能擁有多於他原所失去的！

代序

謝謝了，辛苦了

劉鋆

如果父親知道我們要出這本書，他會想說些甚麼呢？我猜想，他會立正站好，然後舉手敬禮說，謝謝了。

凡事不願麻煩人的父親，結果卻罹患了最需要麻煩人的老人失智症。一切的生活起居都要人照看著。原本還只是擔心他出門散步回不了家，後來竟然連開門這件事他都忘記了。如果父親知道自己會罹患這樣的一種病，他會未雨綢繆的做些甚麼嗎？朋友問，你爸會不會寫一封信給心愛的那個人呢？一封感謝加道歉的信，表達自己多麼感謝這個人對他這一生的照顧，特別是失智後的照顧，也抱歉自己再不能清醒的陪伴她走接下來的人生路。我多麼希望父親留下了那樣的一封信，親筆書寫，不但讓我們可以重新回憶他的字跡，也能對他的心理狀態多一些了解，那樣的話，我的母親也會比較釋懷吧。

如果父親真的寫了一封那樣的信給母親，他會說些甚麼呢？

「謝謝妳60年來的陪伴，謝謝妳跟我生了四個孩子，謝謝妳在我人生的最後階段不離不棄，謝謝妳忍受我的亂吐痰，謝謝妳讓我把你當作母親和姊姊……」他應該也會說：「很對不起不能再照顧妳了，不能像以前那樣做韭菜盒子給妳吃，不能清醒的讚美妳泡的茶有多好喝，更抱歉必須讓妳幫我洗澡，幫我換尿布，甚至很抱歉必須讓妳自己一人繼續接下來的人生路……」

只可惜，現實裡父親並沒有留下這樣一封信。

如果父親能親自寫這篇序，或留下一封信，他會說些甚麼呢？

我猜想，他會立正站好，認真的鞠躬，然後，對所有家中有失智老人的家屬說，辛苦了。

如果沒有照顧過失智老人，你不會知道自己多麼容易動怒，多麼沒有幽默感，多麼缺乏耐心與缺乏相關的知識。沒有人願意失智，更重要的是，失智的人通常都不知道自己失智，這跟其他的病症很不同，罹患癌症的人，通常都知道自己得病，也知道被醫治的過程和結果。但是大多失智的人都不知道這是一種病，家人也通常是在病症嚴重的時候，才會開始正視這個問題。然而，失智目前還是一種無解且不可逆轉的病，隨著台灣社會的人口高齡化，我想它對家庭與社會的殺傷力很快就會變得更強更無法控制。

之所以出這本書，不僅是想回看父親的一生以及表達我們對他的思念與感恩，同時更希望能透過這本書的點滴讓除了我們家人以外的讀者對於失智老人與其家屬能有更多的理解與關愛。我的父親用他這一輩子見證了很多事情，而最後這一件應是連他自己也沒料到的。

在此，要特別感謝慈濟醫院台北院區的吳燿光醫師與呼吸照顧中心的諸位護理師們，在他們認真的看護之下，「阿田」才能回到家中與家人共度人生的最後一個月。除了自家人之外這本書也受到很多人的幫助。謝謝廖又蓉與曾家寧對於其中兩則文稿的採訪與文字潤飾，以及羅瓊芳用心的編排設計，更謝謝所有在我父親生命中出現的每一個人，是你們豐富了他的人生，也豐富了這本書。

對於出這本書，爸爸你會說甚麼呢？

「人家不說，我也不問……」我彷彿聽到爸爸微笑的這樣從天回答。

2004／11／10

爸爸連自己的年紀都忘記了。想到他精采的人生正在一塊一塊的消失，我的心就酸了起來。

我按了電鈴，開門的是爸爸。「妳找誰啊？」

看著他疑惑的臉，我的眼淚流了下來。真希望這一天永遠不要到來。

然而，父親記不得我的這一天就像夏日的午後陣雨一樣，突然就來到了。

關於我們的父親，真的是在他失智之後，我們才知道對他這一生了解的竟然這樣稀微。他那一代人經歷了我們永遠不用經歷的戰亂與離鄉背井，他們有他們很獨特的青春歲月，我們試著用他的雙眸幫他回看這一切。

劉樹田，1928年生於中國東北松江省賓縣。

父劉煥堂，母祖宛如，妻劉張秀梅，姊弟三人，

姊姊劉樹人早年移居美國，並已在美國過世。

弟弟劉樹平，現居高雄。

暫別，成永別

劉樹田

那一年的雪很多，在春節之前每個四合院裡都可以堆雪人，我跟弟弟樹平當然也堆了自己的。弟弟在北平出生，所以叫做樹平，小名平生，那我呢，我因為在田裡生的所以叫做樹田嗎？當然不是，我是在東北鄉下的一個炕上出生的，大概是從窗望出去四面都是莊稼田地，所以我就叫了樹田，不過我的小名挺好，可以看出我父親母親對我這個長子的偏愛，我的小名叫寶貴，是比寶貝還要更令父母歡心的。

說回那一年的北京吧，那一年我十八歲，剛進大學。

冬天還沒過完，就積了一呎高的雪，大夥兒都說這是個好預兆。但自從我在北海公園溜冰時摔了一大跤之後（脖子都差點給摔斷了），我就不相信這會是對我好運的一年。我的直覺沒錯，一過完年，初十五的餃子一吃，就有人來趕我們走了。共產黨進城了，浩浩蕩蕩的隊伍從東直門不斷的湧入，其中的一支小隊伍，走著走著就來到了我家門口，西什庫東夾道裡的一個四合院。

我還記得那天下午沒有一點風，院子裡還有積雪，小隊長門也沒敲就直接進了門，不是他沒禮貌，而是我們家實在沒有關門的習慣，即使是在冷颼颼的冬天也是一樣，因為我母親總說我跟弟弟進去出來進去出來的，總有一天會把門整壞，所以就索性一天只開一次門關一次門。

「先生是北平人嗎？」隊長的口吻沒什麼情緒，公事公辦的問著我的父親。父親在對日抗戰時是張學良部隊的師長，對於這些共產黨員來說，也就算是國民黨蔣介石的派系。

「我老家是哈爾濱，抗戰前全家就到北平了。」父親謹慎的回答。

「有良民証沒有？」

「什麼是良民証？從沒聽說過那個東西啊？」父親的謹慎中出現了一點懷疑的口氣。

「那就不行了，我告訴你，你們全家得離開北平，離開這個城，現在這裡已經歸我們管了！」小隊長看看我母親，還有我弟弟，和我。我的姊姊呢？為什麼那個時候她會不在家呢？現在回想起來，她那時好像正在戀愛，應該是出去跟男朋友約會了。對了，我的姊姊叫樹人，為什麼叫樹人？這就不必我多說了，有很多的可能，像什麼十年樹木百年樹人啦，不過，我也從來沒問過我父親，為什麼叫做樹人的姊姊小名會叫做玉霞，有點人格分裂。

「那怎麼成？我的孩子都在這兒念著書呢？說什麼我們都在這裡十幾年了！」我知道父親當時想說些什麼來改變小隊長的心，但回想起來，他說什麼其實都沒用的，就算送兩條黃金給小隊長也不成，因為父親被看做是蔣介石派系的人，以當時的情況來說絕不能留在北平，就算留下都不見得是件好事。

「我開張路條給你們，現在這城只准出不許進了……出了之後要往哪兒走就是你們自個兒的事了……」小隊長很好心的為我們做了件事，那就是在父親的央求之下，原本一家五口的我們，在他的字條上卻出現：「劉錦如先生，等七人……」。

這讓我們離開北平的隊伍，因此加入了我的伯父和我的姑父，當然，連我姊姊愛的死去活來的那個江蘇男朋友，父親都一併帶上了。

「那就回老家吧。」父親問母親。

除了父親外，其他的等七人其實都沒什麼想法的，我呢，心裡其實挺想回到四川的，畢竟我在那裡念了中學，經歷了一段特別的年少歲月，好像一只花瓶，我的模是在那裡做好的，好不好看，已經決定了一半，勝利之後回到北平繼續唸書，也只是要開始為這模上釉而已。

「看來只有這樣了，咱們收拾收拾，明天能走就走，要不三天之內也一定離開，這共產黨一進城，誰知會發生什麼事兒！」父親說完，沒讓其他的等七人發言，就進去他的東廂房了，母親也輕輕的站了起來，跟在軍人父親的身後，小步小步的移入了廂房。我母親是舊時代的最後一批人，小時候好人家出身，所以纏過小腳，但因為嫁給了念過洋學堂的父親，所以就在父親剪辮子的那一天，也把她捆小腳的長布條給一併剪斷了，母親後來曾對我姊說，妳沒纏過腳，不懂得解放的快感。

那天晚上，我跟弟弟平生躺在床上兩個人什麼話也沒多說，平生小我七歲，我當時也才十八歲，我們兩人之間當然是蹦不出什麼離別依依的話，只是一整夜姊姊的廂房都傳出一種奇怪的呻吟，讓我跟弟弟根本睡不著。

除了姊姊的呻吟，我還很清楚的記得平生問我的那句話：「哥哥，你說走這麼遠的路，娘能讓我帶上我的防毒面具嗎？」

打敗日本人之後，弟弟從父親那裡得到的戰利品就是一個日軍遺留下來的防毒面具，我的呢，是一把殺死無數中國人的武士刀。自從有了防毒面具之後，弟弟平生延續了戰時的習慣，整天往防空洞跑，他的生活裡依然充滿了襲擊、躲避，就跟以前和日本鬼子在做戰時沒什麼兩樣，只是弟弟說，現在有了日本人的防毒面具，他誰也不怕了。

那一晚，我在睡夢中看見我們一家人坐在馬車上，搖搖晃晃顛顛跛跛的前進在一條沒有路面的道路之上，趕馬車的是帶著防毒面具的平生，他邊趕馬車邊吹口哨，很明顯他的興奮之情完全沒有被那個日本人的防毒面具遮掉。

隔天，也就是農曆十六，我們就離開北平了，帶著十個大皮箱跟三個小皮箱。姊姊玉霞說，那三個小皮箱是我們家的命根子，一定得看好。那時我對平生說，黃金就是黃金，幹麼說他是命根子呢，感覺好不衛生吶。

就這樣，劉錦如先生等七人，也就是我們一家子人，拿著小隊長的路條，帶著十三箱行李，坐上了前往天津的火車。

至於火車上發生的事情，我當然是不會記得了，沿途我都在昏睡，而這個習慣也很順理成章的遺傳了給我的女兒，不過這是後話了。

我們到了天津之後，聽說整個東北都已經在共產黨的控制之下，所以父親開始猶豫，該不該繼續前進。

沒兩天，傳來消息說，哈爾濱的街上到處貼著「捉拿匪首石雲鵬」的告示。

「石雲鵬是誰啊？跟咱們有啥關係？」我沒長眼睛的問著父親。

「石雲鵬不就是你伯父嗎！這你都不知道？書念哪去了？」父親語調不好的說。

我怎麼會知道眼前叫做劉煥隆的這個人就是共產黨嘴裡的匪首石雲鵬呢？那時的我未經世事，怎麼會知道幾乎所有跑路的人都有改名換姓的習慣呢？以為那是小說裡的情節啊。

後來我問我姊：「那咱們姑父的真名又叫做什麼呢？」我姊說：「就叫劉煥一啊！他沒有別的名字，劉煥一是他的本名。只是，他不是我們真正的姑父。」

喔，我的天，如果不是共產黨趕我們離開北平，這些真真假假的事我想我永遠都不會發現的。但還好，我始終記得我的父親叫劉煥堂，字錦如，他那一輩的人都習慣用字不用名，就好像慈禧太后從不叫袁世凱為世凱，而老是叫他慰廷、慰廷的，是一樣的道理。

回不了東北，劉錦如先生等六人跟十三個皮箱，這下真不知該上那兒了。

與其留在天津這個人生地不熟的地方，不如投靠以前的老戰友吧，父親是這樣想的，那就先到青島劉安祺的部隊那兒看看再說。

於是劉錦如先生等七人跟十個大皮箱，坐了三天的卡車到了濰縣，經過黃土高原之後，我們每個人都成了泥人。之後我們坐馬車到膠州灣的紅石崖，然後換小船，真是屋漏偏逢連夜雨，我們竟然還遇到颶風，坐了三天三夜才從膠州灣到青島，並且暫時住進了東鎮的海軍醫院空房。

跑著，走著，我們的行裡突然從十三個皮箱變成了十個皮箱。為什麼十三個皮箱只剩十個呢？這段路我沒怎麼睡，因為發生了一件重要的事情，所以我根本睡不著，也就是，我們家的命根子在這段路上全被一個熟人給騙走了。從一個不愁吃穿的富家子弟，變成一個窮光蛋，原來只要幾句話的功夫。這當然是我們後來才發現的，那個幫我們家找馬車的，是一個東北來的遠房親戚，他幫著我們搬運行李忙進忙出的時候，其實就已經將那三箱命根子掉了包，我們是到青島才發現的，至於他是怎麼做到的，都已經幾十年後了，那還是一個個劉錦如先生等六人永遠也想不透的謎。總之，就像武俠小說裡的那些情節一樣，千兩黃金神不知鬼不覺的就這樣不翼而飛了，黃金竟然能像北京春天的柳絮一樣的輕盈，也只有1949年那段路途才會出現的奇蹟吧。

我那個走路一小步一小步的母親當然是哭了好幾個時辰。她一小步一小步小心翼翼走到的中年，結果卻在這裡有了一個新的開始，一個貧窮的新開始，一個不如過往的新開始。

父親沒說話，說不出話了，他只能出門張羅著接下來的生活和吃住。

命運總是這樣安排的，當你變窮的時候，就得開始過流離顛沛的生活，老天不會讓窮人落地生根，然後一下子就找到生活的依靠的。

我還記得青島的開春真冷，雖然青島有德國留下的漂亮建築，但是在當時我的眼中，那些真是讓人直打哆索的冰冷怪物，說我不懂得審美吧，我不喜歡這些洋建築，一點都不喜歡，我想念北平老舊的胡同，四合院裡的石榴樹，還有一到做飯時候就到處飄香的芝麻油味。像現在這樣的冬天，我們全家應該是在前門外吃涮羊肉的，怎麼就落魄到了要住到人家宿舍裡呢？

一個下著細雪的傍晚，那個本名叫做石雲鵬的劉煥隆伯父帶了三斤麵條回來，衣服裡還揣了好幾根沒凍壞的小黃瓜。母親炸了醬，大夥兒噗吃噗吃的吸著麵條。我那個沒有假名的姑父卻還是跟以前有錢的日子一樣，一吃麵就是一斤，也不想想明天大家還有沒有的吃，看著他的大口吃麵，我和弟弟平生心裡都很不舒服。到了青島之後，每次跟姑父一起吃麵，我跟弟弟就不舒服，但是到了青島之後，家裡好像沒有一餐不吃麵，所以我跟弟弟也就從來沒舒服過。

「聽說部隊就要撤了……」伯父問我父親。

「嗯，好像就在這幾天。」父親回答。

「那咱們走不走？」

「聽說要撤到台灣，連被服廠的織布機都上了船，還有中央銀行的黃金，還有，當然還有很多的值錢東西，國寶什麼的……」

「咱們去是不去呢？」

父親沒回答，他知道現在的情況是騎虎難下，回不了老家卻也不想到那個叫做台灣的美麗島，再美麗，也終究不是自己的家。

「我看是沒處去了，整個江山都是他共產黨的了……」吃完一斤麵條的姑父終於開口說話了：「老實說，只要共產黨當家，我就沒辦法回那個老家。」

「先到那裡一陣子吧，怎麼說也是老蔣的地方，過個三五年再回來也不遲啊！」石雲鵬伯父說。伯父是鐵了心要到新的地方開始新生活，總不能回去一個通緝他的地方吧。

我的母親婉如始終沒有開口說一句話，彷彿她已經預見，他們這幾個人一離開這塊土地之後就再也回不來了。

1949年的4月8日，劉錦如先生等七人跟十個大皮箱坐上了台北輪，從青島出發，只是三天兩夜的時間，我們就到了台灣的基隆港。

只是三天兩夜的時間，我的父親母親、我的伯父和我的姑父，就永遠離開了他們的老家，終其一生，再也沒有回去過。

〈後記〉

劉鋆

我的奶奶於1967年我一歲的時候就過世了，所以我對她並沒有甚麼記憶。爺爺一直跟我們和叔叔兩家人一起生活著，有時住住高雄，有時住住台北。1983年，爺爺壽終正寢，享年84歲。他過世的前一晚還跟我說「這下雪天，黑狗身上白，那白狗呢？」他要我找出好的字去形容，當然不是白狗身上更白這樣沒創意的答案。爺爺說「白狗身上腫，你看這腫字下的多好」。從小我的爺爺就重視我們的傳統教育，背詩，寫毛筆字，寫作文。還記得他買了一套中國歷代經典寶庫的白話文版給我們讀，家中的牆上還貼著毛筆書寫的朱子家訓。他幽默風趣，對於精彩的人生有著通透的見解，他對我們兄弟妹的影響甚大。中國大陸改革開放之後，我們在哈爾濱見到了大爺劉煥隆（本名石雲鵬）的女兒，跟大爺長的非常相像。姑爺劉煥一的歲月都給了東北文獻，人在台灣卻為東北留下了很多記錄。姑爺與大爺兩人到台灣之後都終身未再娶。爺爺姑爺和大爺，是我們後輩經常提起的「東北三寶」。

我的家，在東北的松花江畔

劉樹田

當我還在我娘的肚子裡的時候，我就知道我一定會誕生在一個下雪的日子。

很多人都告訴我，娘胎應該是溫暖潮濕的，但我在娘胎裡的一天三餐總會發冷打哆嗦。因為我娘懷我的時候每天早晚都得偷著咬上幾口冰塊，這樣的舉動如果被我奶奶知道，肯定會讓我娘遭到一陣毒罵，但根據我的奶媽後來告訴我，還好那段時間我的奶奶沉迷在大煙之中，也就是其實我奶奶那時吸鴉片正上癮，所以每次見到我娘不是淚流滿面的看著她的大肚子，就是笑嘻嘻的預言著，「看這形狀，一定是個白胖小子！」所以後來當我一出生還滿身是血的時候，我的奶奶就對已經對我愛不釋手了。

劉家大院，也就是我家，在松花江南岸，就行政區來說是松江省賓縣旁一個叫做猴兒石的地方，我對這個家的印象不是太深，因為我在五歲的時候就被帶到了北平，我只記得，劉家大院是縣裡的一個大戶，我跟娘每次出門都能坐上自己的馬車。後來我們搬到北平之後，我的父親老是老對著我說：「寶貴你要記著，咱們家大業大，騾馬成群，從江邊一望，所有的地都是咱們家的，光是長工就有七十多個……曾經一個晚上出生20幾頭小牛小羊……所以你不要老是瞎混，得好好唸書，好光宗耀祖……」我到現在都還是不太明白父親這樣說的邏輯，還有這對當時的我來說究竟是不是一種鼓勵。

劉家大院的後院，就是有我奶奶住的那個院子，總會在陽光開始傾斜的時候散發出一種香甜如柑橘的味道，我在娘胎裡就能聞到，因為每天的那個時候我娘總會一小步一小步的移到那個氣味的源頭。

「娘您今天好嗎？」我娘輕輕的在她的婆婆前彎了一下腰。

「慢點、慢點，有孕在身凡事得輕點，免得折了肚裡的小傢伙。」我的奶奶在炕上坐直了身體，她的臉色紅潤，眼神迷離，將煙袋交給身旁的小丫環：「雖說這玩意兒好，讓人舒坦，但還是得小心點，別讓你肚子裡的小傢伙上癮。」

我感覺娘顫抖著身體，因為這話笑了。我也在娘胎裡笑了，笑我的奶奶竟然沒讓大煙把腦子燒壞，那麼我出生後就應該不會是個傻子才對，我有點過於興奮的用力笑了。

「哎喲！」我娘嬌嗔的叫了一下，她又在撒嬌了，即使是對著她的婆婆也是一樣：「小傢伙真壞，又踹了我一下。」

這下子我奶奶可是開懷大笑了，好事好事，她嘴裡直嚷著，男孩子皮點好、皮點好……但奶奶的眼睛卻不知看向天邊的什麼地方。

那天下午，天空陰沉沉的，我娘跟以往一樣又偷著吃冰，根本不管我在她肚子裡的感受。那天是農曆九月二十三，立冬過了有三個星期了，氣溫早在零下十度，像她這樣有孕在身的人，應該多喝點熱補湯或中草藥茶的，實在不應該對一個肚子裡的胎兒這樣的內外以冰寒迫之。還好我是一個堅強的胎兒，總能找到方式存活下去，當然這也是我奶媽事後說的，雖然我不白不胖，但卻健康結實。

下午五點，天空開始飄起雪來，家裡的牛官馬官豬官們都對所有的牲畜進行了保暖的工作，因為這是今年的第一場雪，接下來會有更多的雪，然後就會把這片江邊之地帶進一個寂靜冷酷的冰雪世界，所以一定得在下大雪之前保護好這些牲畜。說到這裡就覺得我娘真是奇怪，明知我要出生了，嘴裡還老含著冰塊，我好像比那些住在牛圈裡小動物還不如。長大之後，我的鼻子總是聞到冰涼的味道就開始酸痛，這完全歸功於我娘懷我時對我的不照顧，當然也因此，每當我鼻子噗哧噗哧的發出奇怪的聲音時，我都會感覺到，我的母親的嘴裡一定正含著冰塊，而且正用著她健康的牙齒嘎答一嘎答一的愉快地咬著它們。

我在下午六點正式向我娘發出第一波訊息，我用力的用左腳踢了我娘七下！隔著肚皮，隔著羊水，我聽到我娘在火炕上的尖叫和呼喊，我開始興奮，在粘粘的羊水裡抖動著我弱小的身軀。沒多久，隔著羊水我聽到一群老女人的聲音，「要生了、要生了」、「還得等、還得等」此起彼落著，臉盆的硄噹、快速的腳步、布的撕裂……我有點開心，因為很顯然的，我的訊息被我娘清楚的感受到了。

但沒過多久，我娘就停止了尖叫，只是喘息。我也停了一下，因為我不知道我娘會用什麼方式來對付我，怕她突然又把冰吞進肚裡，我只好以靜制動。但娘啥也沒做，連氣都開始不喘了。對她這麼快就又跑到狀況外，我有點失落，於是我在娘的肚子裡再度伸出拳腳來。這次我不僅是拳打腳踢著，我開始用著我小小頭去擠我娘的肚皮，這是一個新花招吧，娘，我將它作為天天吃冰的報答。當然一開始並不是太順利，還真是所謂的四處碰壁，正當我想重新再來一次時，我突然聽到娘的一陣哭喊，我嚇了一跳，停了下來。

我娘總是這樣的，一點小事就大呼小叫，連看到樹叢裡的小蚱蜢也要呼天搶地。

我覺得有點疲倦，是心理上的，我突然不太想見到這個孕育我的子宮的主人，我想，我長大後那種直來直往沒事就生氣的個性肯定是遺傳自我娘，所以，我突然不想見到她。我這一停就是幾個時辰，雖然娘不叫了，但聽到些對我不利的談話，有人猜我窒息了，也有人猜我大概胎位不正，也有人說，我娘生下我肯定要流一地的血一生都補不回，還有人說，在第一場雪出生的嬰兒會像白雪一樣，很快就溶化掉。

我想，這些婆娘的憂慮還真多，七嘴八舌的，一想到以後要跟她們天天攪和在一起，想能晚點見面就晚點吧。何況剛才在頂撞我娘的過程中，聽到有人說因為突然下雪，我的父親得天亮後才能回到家來，而我想一出生就看到我的父親，我期待被他那樣威武的男人擁在懷裡，我想看他熱淚盈眶的樣子，所以我決定等，我暗下決心，決定天亮才出生。

我於是安靜的睡了一下，睡眠中我做了一個夢，在覆雪的劉家大院裡，一個披頭散髮的老女人在杏樹下挖呀挖的，她挖出了一件小孩的衣服，而那衣服上繡著「寶貴」兩個字。

第一聲鷄叫喚醒了我，我伸了下腰後，決定全力出擊，雖然鷄叫不代表天亮，這是我稍大之後才發現的道理，但我當時還是被騙了，加上我已經厭倦我娘的肚子了，我再也不想吃冰塊了，所以我立馬決定，是時候出去見見世面了！

我要出去！我要出去！我要出去！

我在母親的肚子裡用著各種怪招拳打腳踢著，但因為羊水的關係，減低了我的力道，我知道母親還在熟睡中，我得把她叫醒才行。

我再一次去擠我娘。我大聲的在羊水裡叫喊著：別再睡了、起來吧、我要出來了、作為一個母親，不能這樣貪睡的、父親就要回來了、我能聽到他馬車的聲音！

是的，即使隔著娘的肚皮，我也能看見那四匹俊美的白馬正帶著父親在今年的第一場雪中奔馳著，他心急如焚、他急著見他的兒子……。

娘終於醒了，我跟娘隔著她的肚皮各自呼喊著、尖叫著、用力著……。

還有三里父親就到家了，加油啊，娘！

只有一里了，加油啊！

父親就要進門了，加油啊，娘！

白馬終於先一步的把父親帶進劉家大院，就在父親呼喊我娘名字的時候，我哇哇的哭聲傳出了東院，父親的腳步停在東院裡那棵掉光葉子的杏樹底下，站在白雪之中靜靜的聽著我的哭聲。我看見父親高大的身體因為厚重的皮毛而顯得更為威武，但他的臉上確有一種一切都是值得的笑容，他的笑中有男兒不輕彈的淚水，他的表情一直跟隨我的哭聲緩緩的變動著。

還沒洗乾淨的我躺在奶奶充滿香甜柑橘味的懷裡，我的雙眼微微睜開，透過東面那個細小的窗縫，我瞥見了站在雪地裡穿著黑色馬褂的男人，他的落腮鬍讓他是那麼的充滿東北男人的野味，他將是我這一輩子唯一的偶像，看著他，我得意的笑了，因為我知道他就是我的父親，我一生都會被他緊緊的抱著。

「你們看這孩子！」奶奶驚叫著：「他的嘴角向上彎著，他在笑，他在笑呢！」奶奶這麼一說，除了還在炕上喘息的我娘之外，所有的人都圍過來看著我，我知道這是第一印象，我不能讓渾身都是大煙味的奶奶沒面子，所以我還真的揚起了嘴角，用著哭一樣的聲音笑了。

我這嘴角的小小抽動把大夥兒都弄得不知所措，我的奶媽支支嗚嗚的說，這孩子真妙，不像是才來到世上幾分鐘的嬰兒。我真想告訴我奶媽，我其實已經到這大院好一陣子了，他們誰是誰的我早就一清二楚的，誰是真心對我娘和我好，我也清楚的很，千萬別想小看我這個才剛出生的嬰兒。還好我當時還不能說話，要不之後的十八個月我肯定吃不到我這個大奶媽豐沛的乳水。

本來我還想繼續對著不同的人做些表情的，但是我看到了一個長樣怪怪的老頭，我馬上就收起了我天真的笑容。事後我才知道他是個相命的，我一出生，他就記下了我的八字，而且還迅速的把我的一生都算了出來。

他對我那個還在炕上的娘說，這孩子，挺聰明，會算數，但是注定不是在北方生活的命。我娘那時還為這幾句話滴了幾滴眼淚，長大後我娘告訴我，她以為我一定是到南方做生意就討了媳婦不再回家的那種兒子，所以她那時就決定了一定要再為我父親另添一個兒子，一個能在東北陪伴他們二老的兒子。

一九二八年農曆九月二十四日，整個東北都被白雪覆蓋，我在第一聲鷄叫之後出生在這個家大業大騾馬成群的劉家大院裡。

當然，這一年冬天，覆蓋東院的不再只是皚皚的白雪，還有我尖銳放肆的哭聲。

〈後記〉

劉鋆

父親五歲被帶到北平的時候，他的奶奶把繡有「寶貴」二字的父親的小棉襖埋在院中的杏樹底下，希望父親能永遠記得他的出生地，他的老家，他的根。共產黨統治中國之後，猴兒石的這座老宅子就充公了，所有的劉家人都到了哈爾濱過著隱姓埋名的生活，因為他們的成分太糟，地主的後代是會被批被鬥的。不過在當時劉家倒是有一個非常先進的觀念，就是所有的女孩跟男孩一樣都接受教育，所以直到今天，這些受過高等教育的女子都非常慶幸自己的出身，而沒有任何抱怨。

2009年五大爺（也就是父親的堂哥，大排行第五，父親排行老七）90大壽時，我們兄妹三人陪同父親母親和叔叔一起到哈爾濱郊區的小縣城賓縣去為他過生日。看到已經認不出他的老弟弟，頭腦清晰的五大爺老淚縱橫。他們那一代的兄弟們只剩下這三個了，排行老五老七和老九（我的叔叔劉樹平），三個人加起來快要250歲。

過去，真的過得去嗎？

劉樹田

愛情究竟是個什麼東西？我站在嘉陵江邊問著自己。月玲如果不喜歡我，為什麼每天都偷著到我宿舍來？如果她真的喜歡我，又為什麼會發生這樣的事？

我將身上的衣服脫的精光只剩一條內褲，一個縱身就跳進了眼前的江水里。就讓我這樣的向下漂流吧，春天的江水應該是向著東方流著的，如果古人沒說錯的話，那麼我應該會飄到一個東邊的市鎮，一個沒有煩惱的地方，那麼我將重新開始我年輕的人生，還有我剛發芽的愛情也才能再度找到適合它生長的土地。

完完全全的被江水冷凍著，我的四肢讓冰冷的江水弄得開始萎縮，我感覺到我全身的毛細孔就像黃昏過後的向日葵，正緊緊的閉和著，我只能緩緩、慢慢的動著我的四肢，我想，很快我的大腦也將自行萎縮以致無法思考吧。我開始像一隻即將成為標本的昆蟲，正在做最後的掙扎，我的左手划了一下水，右腳跟著抽了一下。如果我不會游泳那該有多好，我就會更徹底的陷入水中，那麼我就可以在這一江春水之中忘記所有的一切了……

因為戰爭的關係，我跟姊姊樹人到了四川閬中的國立第四中學唸書。雖然這是專門為淪陷地區的流亡學生所成立的學校，但嚴格說來我其實根本不能進這個學校的，因為我在北平只念完小學四年級而已，根本就還沒畢業。但是這個戰亂的年代哪個小孩不是這樣呢？每個都像資優生一樣，跑跑念念，能跳級就跳級，將就將就也就把該學的都學了，所以我只象徵性的考了一個試，中文跟數學。考試前我到書店找了一本繫分數的書念了一下，因為聽說考題裡有很多的這種題目，結果我考了個九十八分，連老師都嚇了一跳，說我是個數學天才，所以根本就沒管我的中文成績，就把我收進中學一年級了。這也是我後來為什麼中文字寫的不好的原因，因為那時的我還真的以為自己是個數學天才呢。

我班上的同學大多是從淪陷地區來的，也就是說，對這個學校和地方來說我們全都是外地人，再加上住宿舍裡形影不離的團體生活，所以很快我就有了一起生活、一起睡覺、一起遊玩的夥伴了。在這個看女生還不是太順眼的少年時代，我當然是成天跟還沒發育的幾個無知少年鬼混在一起。除了上課之外，其餘的所有時間我們都是做著白日夢想著該如何度過無聊的學生生涯。

我們是幾個有抗日思想但沒有抗日的行動的斯文學生，在當時那個戰亂的年代也算是少有的。因為我們不夠積極的抗日作為，讓我們曾經跟隔兩號的隔壁寢室發生過小型的鬥毆事件，事情的經過是這樣的：

首先要介紹一下我的死黨，小毛，他大我四歲，長我二個年級，是個河南人，小小年紀就能唱的一口好河南梆子，他是我們初中部的伙委，也就是只要跟吃飯相關的事，他都會幫我們出面跟學校溝通，雖然他個子小，但卻長的英俊，皮膚總是白裡透紅的，所以很得女老師們的歡心，有時候老師們閒著無聊，還會把小毛叫到老師宿舍裡聽他唱河南梆子，所以那些女老師的私密事情，小毛全知道得一清二楚，甚至哪個老師哪天沒穿胸罩就跑來上課，也都是小毛告訴我們的。

劉殿儒，他是一個江蘇來的世家子弟，平常在家被人服事慣了，所以自己做起事來總是慢吞吞的，就拿綁鞋帶來說吧，他老兄一綁就得好幾分鐘，大家都覺得從不做事的他一定是手部肌肉萎縮，才會這樣，只要有他在，絕不會有人比他還慢，所以他有個綽號叫劉殿後，很多同學都受不了他，但我跟小毛都因為個性隨和，不會跟他計較，所以才跟他做了好朋友，還打算一同出生入死。

我們當中還有另一個叫做吳偉民的，他的名字在那個時代算得上是一個趕潮流的好名，但很可惜他姓吳，一擺在那個偉大的名字前，就啥也不是了。吳偉民從山東來，起初他說的話我們都聽不懂，覺得他的山東饅頭口音實在太重，但後來才知道自己的孤陋寡聞，吳偉民說的那些全是德文，因為他是在青島租借長大的，從小念的就是德文學校。我們這四個是同一個寢室的，寢室309，除了小毛是初三的學長之外，我們其他人都是剛進初一的新生，說到新生，其實小毛也是，只是他是初三的新生，其實我們學校沒人不是新生，因為學校本身就是一個新學校。

雖然學校在四川的閬中，相對於抗日的戰場來說是大後方，但是這裡的學生可一點也不輸前方的熱血青年，因為大家都知道，只有打贏這場戰爭把日本鬼子趕回他們老家，我們這些學生才能早日回到自己溫暖的家。

所以，三不五時學校就會發起一些像「一滴熱血一分驕傲·街頭大串聯」、「中國人的尊嚴永不低頭·運動接力賽」還有「用筆救中國·寢室盃語文競賽」等等活動。當然這些都不是我這個小團體所熱衷或拿手的項目，連鞋帶綁不好的劉殿後能參加運動接力賽嗎？尤其是最後一個寢室盃語文競賽，對我這個數學天才來說簡直就是要人命。還有，只會唱河南梆子和說德文的小毛和吳偉民又能去做什麼演講比賽呢？

語文比賽那天我們缺席了，我們不只缺席，我們根本就偷跑到學校外的大街晃蕩去了。所以大家在比賽寫什麼、講什麼，我們一點都不知道。那天晚上，跟我們隔了兩間寢室的同學在息燈前來找我們了。

「怎麼會有你們這種不愛國的同學呢？」隔壁寢室的大寶說。他的身後站著另外三個人，都是他們307的。原來307得了總冠軍，難怪他們這樣咄咄逼人的。

「為什麼這樣說？我們的愛國在你們看不見的地方。」小毛說。

小毛果然像個學長一樣的站了出來，我緊緊的站在他的身後，然後是吳偉民，站最遠的那個當然是劉殿後。

「劉樹田，你跟你姊姊劉樹人沒一點像的，她那麼優秀，又漂亮又愛國，你知道她在那個永不低頭的運動會裡有多強嗎？」

我當然知道，我姊姊劉樹人包了女子組一百米、二百米和四百米的三項冠軍，是運動場上最風雲的一個女孩了。但這跟我有什麼關係呢，我為什麼要像她呢？她遺傳的是我的父親，能文能武，尤其喜歡運動，我遺傳的是我奶奶，喜歡躺在鴉片床上算數學。

我沒反應，大寶旁的小寶說，小寶跟大寶沒血緣關係的，我們這樣叫純粹只是為了方便而已：「今天劉樹人還得了話劇獎喔！」

我姊姊因為在北平念過小學，所以說的一口京油子當然比一般人說的國語好，但如果只是因為發音標準而頒獎給她，那這個比賽實在沒什麼標準可言。

我還是沒說話。但是旁邊那個說話不標準的吳偉民反倒開了口：

「這些跟五們愛不愛過有關嗎？」

「什麼？」大寶他們沒聽清楚吳偉民在說些什麼，老實說，如果不是我們同一個寢室，我應該也會馬上笑出來吧。

站在最後面的劉殿後幫吳偉民又說了一次：「他說，你們說的那些關於劉樹人的事，跟我——們愛不愛國——有關嗎？」劉殿後雖然動作慢，但腦筋還算正常，也有他自己的小聰明，所以他說話我們都放心。

接著大寶和小寶他們都說了些什麼呢？我沒聽清楚，卻發現已經有人開始動手了。就在「誰不阿國？」「你就是不愛國！」「你來陣明我的不阿國啊」「不參加就是不愛國」……的爭執之下，我們幾個初中部的學生就血氣方剛的打了起來，就在我們309的門口，大家亂做一團。然後我們就全被抓到訓導處去了，也不管是愛國份子或不愛國學生，全都進了訓導處。

隔天我掛了彩的坐在教室，我本來就不是一個多話的人，所以吸引了好幾個同學圍在我的身邊，其中一個女孩就是月玲。

「你們男生就是喜歡打架！」月玲說。

這句話在我後來的歲月裡記了一輩子，因為她誤會我了，那是我這輩子打過的唯一一次架。以我的身材來說，我只能乖乖的做一個數學天才，根本不可能跟人耍狠的。但我沒有反駁月玲，因為她是班上最漂亮的女孩，我不想因為跟她持不同的意見而讓她不喜歡我，所以只有默默接受。月玲看著我臉上的淤青，用著珍惜的口吻說，不應該這樣的，大家都是讀書人不是嗎？大家其實心裡都是愛國的不是嗎？聽見月玲溫柔的聲音，我真想馬上撲到她的懷裡，我終於了解為什麼有人說聲音的美是一切，尤其是漂亮女孩的聲音，真美。我想，我是從那個時候開始喜歡上月玲的，只是月玲並不是，她只是從那時知道我不單是一個數學天才，還是一個會打架的男生。

真正開始跟月玲熟起來，是因為她的謊言。我說過，我們國立四中因為是為淪陷地區來的孩子所成立的學校，所以我們的伙食費是國家提供的，學生不必負擔任何費用。有一個星期天，我為了找一本幾何學所以在閬中的街上閒晃，走出書店，竟然發現了月玲的秘密，我看見她跟她的父母用著流利的閬中方言在交談著，雖然我對語言沒天份，但多少也聽得出她們的對話根本不是上海話，而月玲一直說她是從上海來的，跟張愛玲差不多。

隔天我在沒人的美術教室問她：「你其實不是上海人吧？」月玲的臉紅了起來，好像被我用了紅色的顏料塗在臉頰上，她說：「你怎麼會知道？誰告訴你的？」

「若要人不知，除非己莫為！」我很得意的說出這句成語。

月玲一下子說不出話來，她開始皺著她的眉頭。月玲有著好看的眉毛，濃淡合宜，很和平的一雙眉，但現在皺了起來。

「其實我不是上海人，我是道地的閬中人，因為可以住在學校又不用付伙食費，所以，就是這樣……」

「我就知道，只有四川人才能有這麼好的皮膚……」我說。

月玲笑了，鬆開她的眉頭，我也是。大概是因為握住她把柄的關係吧，從那天之後，我們就成了好朋友。

月玲的加入，頓時讓我年輕生命豐富了起來，也讓我們309寢室熱鬧了不少。從那時開始我才知道，為什麼上帝除了創造亞當，還要用他的肋骨創造女人，因為女人可真的是快樂的泉源，只要有月玲在我們寢室，我們四個人都變得很振奮，就像在強風中被吹的輒輒做響的旗幟那樣的興高采烈，就連動作一向遲緩的劉殿後，也只要花平常的三分之一時間就把鞋帶繫好，只為了能搶到送月玲回她宿舍的位置。

可能我們寢室的每一個人都覺得自己是被月玲喜歡的吧，因為她公正公平的對待著我們，為了怕壞了我們四個的感情，還讓我們用輪流的方式送她回宿舍。但這種喜歡也就只是一種單純的快樂，因為在一起快樂，所以就喜歡了這個人。

但我覺得這四個人當中月玲還是最喜歡我的，除了我知道她的秘密之外，最重要的是，每當我送她回女生宿舍時，她都會來牽我的手，直到我的手心出汗，她才會鬆開。而且這四個人當中，只有我到過月玲在閬中的家，當然囉，那是因為只有我知道她的家在閬中，不過我相信那不是唯一的原因。

初中一年級很快就過了，放暑假的第一天，一吃完午飯，我跟小毛他們就一起翻了牆出學校，當然，月玲也跟我們一塊兒。學校外就是城牆，城牆外就是嘉陵江，每一年夏天都有很多人淹死在江裡，尤其是在城牆邊的這一段，因為這裡正好是江水轉彎處，有一些暗藏的急流是有眼睛都看不見的。但是我們幾個總覺得自己的技術連水鬼也會敬我們三分，所以我們一到江邊之後，什麼也沒考慮的就往下跳了，月玲當然也是，她本身就是江邊長大的小孩，不可能會害怕自己從小喝大的江水的。

像這樣的午後，這樣的陽光，這樣的笑聲，這樣的年輕，怎麼會不讓水鬼忌妒呢？

水鬼抓了一條腿，一條動的最慢的腿，水鬼將他向下拉。

劉殿後在江上喊了兩聲之後人就不見了。我們個個都嚇壞了，月玲是唯一清楚的，她上了岸，大呼救命，我跟小毛、吳偉民卻傻傻的向劉殿後沒頂的方向游去。明明是水流平緩的地方，為什麼就會被拉下去呢？我奮力的向前游著，明明只有幾公尺，為什麼我就是游不到呢？我的眼淚開始湧出，剛好碰到也急著湧進眼睛的江水，我的眼前開始模糊。

當我再醒過來的時候，我已經躺在江邊的亂草上了，劉殿後側著身躺在我的旁邊，我聽到他虛弱的呼吸著，有好多人圍著我們，月玲的臉緊緊的貼在我的胸前，有一股暖暖的感覺。

「醒來就好啦，沒事兒啦！」我聽到一個男人這樣的叫喊著。我吐了好幾口江水，覺得嘴巴好乾好臭。

這些小孩真是不要命，竟然從這裡下水……我又聽到不知是什麼人的說話。

就當我再次想閉上眼好好的休息一下時，月玲抬起頭來看著我，她笑著，但臉上有眼淚流過的痕跡。我對她笑了一下，但不敢張口叫她，我怕她聞到我口腔裡混合著泥土與魚腥的不好味道，所以我只輕輕的笑了一下。然後我看到她溼透衣服下剛剛生長出來的乳房的形狀，安靜圓潤的像一株嬌小的出水芙蓉，我閉上眼睛，滿意的笑了。

暑假就這樣的開始了，但是我們沒人敢回到淪陷的家中過暑假，雖然當時我娘跟我弟都在西安，但是不知為什麼我跟姊姊樹人就在一個東北來的體育老師的幫忙下，跟著他一家人一起上了陳家溝的山上過暑假，也順便躲著日漸增多的空襲警報。

陳家溝的生活簡單無聊，加上我跟姊姊也不僅年齡差很多，連興趣也完全不同，所以我經常的跑到閬中市區找月玲。我們跟著老人上茶館聽說書，我三不五時的會教月玲幾題高中程度的幾何，好讓她還記得我還是個數學天才，月玲也帶我到他家好多次，在她的家裡我學會吃又麻又辣的四川家常菜，我最喜歡月玲媽媽做的夫妻肺片，因為不僅味道香辣，連名字也帶勁兒。每一天我跟月玲都是最好的朋友，高高興興的在一起，我們天真單純的度過每一個嘉陵江的日落。

有一次父親寄了零用錢來，我還沒交給姊姊前就跟月玲在街上花了一大半，我們跑去當時閬中最時髦的一家照相館，不僅照了個人的獨照，還照了兩人的彩色合照，這張彩色的合照果然開學後在學校引起了軒然大波。其實我們學校一個年級也不過才兩班，所以這種事自然很容易就被渲染開來。因為這張相片的出現大家突然就承認我跟月玲已經是一對男女朋友了，包括我的室友小毛他們，雖然他們沒有在我面前流露出強烈的忌妒心，但我能感覺出他們的失落，因為開學之後他們就自動不送月玲回她宿舍，而是只由我來送了。

我的姊姊倒是不贊成我跟月玲這樣頻繁的交往，我想這是因為月玲實在太漂亮了，讓我的姊姊覺得受到威脅吧，因為我的姊姊是那麼的出色，高中部裡沒一個女的是她的對手。其實在學校裡很多人知道我並不是因為我的數學天才，而是因為我是「劉樹人的弟弟」，我只是沾我姊姊的光而已。儘管這樣，我也並不以為意，我不是一定要贏過什麼人或絕不能在誰的陰影下生活的那種人，我從小就胸無大志，只希望能好好的做我的數學練習，就像一條準備冬眠的小蛇，只期待著像大蛇們一樣能順利脫皮，一點也不想吞下像大象那樣的龐然大物，或許我的例子舉的不好，但請原諒我，我真的對文學不行，一點也不行。

姊姊不贊成也不行，因為一開學她根本沒時間管我，她可是個大忙人，學生會、運動會、話劇社……只要是學校裡的公開活動，沒有一個能少了她的，加上她自己被好多男同學追求著，光是應付那些蒼蠅就已經讓她渾身乏力了，所以哪有精神來管我呢。我們的見面通常也只是在飯堂的那短短幾十分鐘而已。

「我終於看到你跟她的那張彩色照片了！」姊姊坐到我跟小毛的中間，對著正在用力耙飯的我說。

「照的不錯，只是，下個月的零用錢我不會再給你了。」

一聽到沒有零用錢，我的喉嚨就被還沒吞下的飯噎住了，我比手畫腳的想說，我們可是在後方相依為命的一對姊弟，妳可不能這樣對我啊……當然我還沒說出來姊姊就離開了我們初中部的餐桌，其實也只是跟她們高中部隔三張桌子而已，但礙於她的優秀，我始終也沒說出口。我用我的零用錢換到了跟月玲的繼續交往，而且是大方的像男女朋友一樣的交往，這對還沒發育的我來說，真是上天所給的最好禮物。

我們就這樣純純的做著只會牽手的男女朋友，直到高二。戰火中的大後方雖然偶爾也跑跑警報，但相較於前線，真的是寧靜悠哉太多了，我就在這樣的氣氛之下繼續我的學習，一切都很好很順利，直到高二。

高一結束，我沒待在陳家溝而是跟著姊姊一起到西安跟我娘和我弟一起住了一個暑假。

一開學我就急急忙忙的回到閬中，因為我已經有兩個月沒見月玲了。再見到她時我覺得她變得更漂亮了，全身散發著青春的光彩，而且變得，怎麼說呢，變得很像畫報裡的那些女明星，完全是一個女人的樣子，而不是小女孩，我總是看她看得心神盪漾。那個高一的暑假之後，我的身體開始對月玲有著特殊的反應，我知道，這才是真正的男女之愛。只是我們還是用著以往一樣的方式交往著，唸書、聊天、吃飯、泡茶館。

但是還沒等到寒假，月玲就突然休學了，她什麼也沒跟我說，也沒跟我們任何一個人說，就休學了。我翹課到她閬中的家找她，但怎麼也沒找到，她的父親只說，她到上海的叔叔家去了。

她去那裡幹嘛呢？我問。

她的身體不好，到上海養病去啦！

身體不好可以留在閬中啊，上海一點兒也不安全？為啥跑到那兒哪？

你小子問這麼多做啥？回去安心唸書吧！

我怎麼可能安下心念書呢？我甚至開始不唸書了，連喜歡的數學也不做了，我的成績在期末考時一落千丈，這樣說當然是誇張了一點，因為我從來有沒好過，因為我的國文和英文都不行，所以就算退步也退不到那兒去。只是，我真的無心向學。我只要有空就往月玲家跑，我怕她有一天突然回來，我希望她最先見到的是我，是一個在苦苦等著她的朋友。

學期結束了，月玲沒回來，但是我的恆心終於讓月玲的父親對我說了不同的話。

「去吧，你去找她吧，她在北邊的綠竹村里，半天的功夫就能到。」

我回到宿舍向劉殿後這個富家子弟借了錢之後，一刻也沒停留的趕到綠竹村。

如果我不跑這一趟，我這段年輕的記憶應該會更美好吧，但是當時誰會知道呢？

我進到了一戶有三間房的土屋，我終於看見了月玲。

她坐在暗暗的廳堂裡，側耳聽著收音機，收音機傳出的雜音比音樂聲還清楚，但是月玲好像聽的挺出神。

「月玲！」我輕輕的叫她，我想，她的身體不舒服要到這種地方養病，一定圖的就是清靜，我可別把她嚇著了，雖然我想馬上衝到她面前，好好的握住她的手，仔細端詳她。

月玲輕輕的回過頭來，小心的好像懷裡有隻小鳥，怕驚擾了它一樣。

「啊！是你！你來啦……」月玲的眼睛在黑暗中亮了起來。然後她慢慢的從椅子上站了起來。

暗暗的廳堂裡，我卻清楚的看見她變形的身體。我的眼淚一下子就嘩嘩的流了下來。

月玲懷孕了，她就要生小孩了，難怪她不再上學。

我走到她身邊，緊緊的抱住了她，這是我第一次這樣的擁抱著月玲，我將我剛剛長出柔軟鬍子的臉緊緊的貼著她細白稚嫩的臉，我不知道此時流在我臉頰的眼淚究竟是她的還是我的，我的身體感覺到她隆起的肚子，是那樣的溫暖堅硬，我說不出話來，我的喉嚨緊緊的卡住了，我只能不停的抽搐著身體，並不停的流下溫熱的眼淚。

我跟月玲一起住在這個土屋裡，我陪著她散步、吃飯、聊天。她知道我已經放寒假了，所以也很放心的讓我陪伴她。她問我一些學校裡的事，我告訴她小毛雖然畢業但還留在學校繼續做他的伙食委員；劉殿後自從她休學之後又開始慢吞吞的綁鞋帶了；吳偉民的中文進步的很快，快到他的德文都快忘得一乾二淨了；還有，我姊姊跟大寶他們準備參加「十萬青年十萬軍」，要用行動表示他們的愛國情操；而我呢，已經好久沒做數學了，我已經不想再做什麼數學天才了。

月玲雖然變得安靜，但有時聽我笨拙的說著學校的事情時還是會開朗的大聲笑著，這點讓我很開心。但我們始終沒有談到她肚子裡寶寶的事，月玲不說，我也不問，我就是一個這樣的人。

我只想在這段時間裡好好的陪伴她。

不到兩個星期，月玲生了，她生了一個漂亮的女娃娃。

我在土屋外聽到月玲悽慘的叫聲，我用我瘦弱的拳頭槌著牆，我想用身體去感受一點痛苦的滋味，雖然我知道我一輩子也不能真正體會月玲那時的苦痛。

月玲生下孩子的兩個星期後，孩子送了人，是綠竹村里的一戶人家，還沒做完月子，我就跟著月玲回到她閬中的家了。

下學期開學了，月玲還是沒回到學校，吳偉民問我月玲的病情到底如何，我說，月玲她真的病得很嚴重，還時常吐血，所以根本不能回學校上課，必須好好的修養個三五年。

到底是得了什麼病呢？劉殿後問，這麼嚴重。

唉，沒人知道，連醫生也不知道，總之是一種很難醫好的病就是了，我告訴他們。雖然之後大家都不再過問月玲的事了，但我知道，關於月玲生病的這個結，始終打在309這個寢室內，從沒解開過。

對日本的戰事如火如荼的進行著，但我的學生生活卻因為少了月玲這個女伴而顯得平凡無奇。上了高中部，功課重了，但我唸書的時間卻少了。

高二下學期，我染上了在夜裡翻牆出外打麻將的惡習，而且沒人能制止。就連我姊姊寫信告訴我的父親，我都不怕。

「你究竟是怎麼一回事啊？」姊姊用她的權威對著我訓話：「不唸書可以，但不應該出去賭博啊……娘知道會有多難過，你是一個數學天才的……」

我當然不會對姊姊的這一番話有反應，因為我在麻將裡得到了很大的成就感，我小小年紀就能贏錢，當然最重的是，麻將也麻痺了我心中的某些記憶。

我實在是太想念月玲了。

這就是我為什麼在夏天還沒來到的這個日子，決定冒死跳下嘉陵江。我多麼期望像那個夏天一樣，當我再睜開眼時，會看見月玲趴在我的胸前，她臉上還有剛剛乾掉的淚痕，還有，透過她溼透的衣服，我將再度看見她初生胸部的美好形狀。一切如同昨日，然昨日永不再來，我的初戀就這樣的跟著這一江春水，向不知道是什麼的地方緩緩地流去了。

只是，過去，真的過得去嗎？

〈後記〉

父親的這幾個男同學後來都到了台灣，吳偉民是建國中學的老師，小毛經營出版社，劉殿如從事園藝，是總統府邸花園的負責人。開放大陸探親後，他們都回到了國立第四中學，也見到了很多那時的同學。他們製做了老年版的畢業紀念冊，由父親整理大家的資料，老毛印刷。之後幾乎每年父親都會回四川開同學會，他曾經對我說，每年回去都會少幾個人，某某某走了，某某某也躺在床上動不了了，不勝唏噓。父親也與上述故事中的月玲相見，只是物換星移，早已人事全非，各自有著幸福美滿的家庭了。每個時代都有他們專屬的愛情故事，我替父親感到欣慰，那段年輕的歲月沒有白過。

國立四中初中部第十六班畢業紀念
32.1. 閣苑
嘉陵
同舟共濟

我就那樣加入了清幫

劉樹田

我還小，根本不懂得幫派是啥，只是知道不論走到大江南北，只要是幫派的人，就會受到照顧，那麼為什麼不混在他們裡面吃吃喝喝的呢，我告訴腦袋清楚的自己。

我念的這個國立第四中學，突然被四川的清幫給看上了，他們暗地裡不斷的跟我們聯繫，說是中國要強大，要打贏勝仗，一定得靠民間的力量，而我們中學生，絕對不能以為自己還沒長大，無法貢獻所以就躲在角落不吱聲。我當然是很為這番話而打動，怎麼說我也是一個熱血青年，雖然最近因為感情而覺得人生沒什麼意義。

這天晚上，我又翻牆出來了。

姊姊的威脅、娘的好言相勸，對我完全沒有什麼作用，我像是山上的一滴小水滴，不受阻攔的正沿著小河要去尋找那片廣闊的大海。

跟門口的小王像親人一樣的打了招呼後，我一提腳就走進烏煙瘴氣的小麻將館。今晚的人不少，坐滿三桌，右邊角落閒著沒動的那張桌子正好三缺一，我走了過去。那三個大叔看起來不懷好意的對我笑了一下，誰宰誰還不一定呢，我對他們笑了笑，然後坐下。

「很面熟啊你，小子！」其中一個留了滿臉落腮鬍的大叔說。

我笑了一下，不到十秒就把牌碼好。少套交情了，如果見過，也應該是我的手下敗將。我二話沒說，順手就將骰子擲了出去。閬中的麻將館有個怪規矩，擲骰子調莊的，得由牌桌上年紀最小的一個來做，據說由年紀最小的人調莊，這四圈的輸贏就會小，最後才比較不會發生難以收拾的局面。我老是覺得這個規矩訂得挺怪，大家夥進這賭場說穿了不就是為了大贏大輸的這種刺激感嗎？哪能一開始就先把贏錢輸錢定下一個令人安心的數字呢？

我不知怎麼鬼使神差的，竟然第一把就來了個四番自摸，正當我暗自高興之際，有人開口說話了。

「千刀萬剮不胡頭一把！」

「何況是自摸！」

我邊收錢邊想，你們兩唱雙簧倒是挺帶勁兒，還能掙點錢，幹嘛上這麻將館來丟人現眼呢？賭博這件事多少要靠點天份，有人在麻將桌上努力了一輩子，最後人生還是一場空啊。

我吸著濃濃的二手煙，覺得腦袋真是清醒極了，從小鼻子不好，但是一打上牌用上腦子，鼻子好像就不葯而愈了。我現在已經完全不用「看」牌了，我跟很多老千一樣，只要用中指腹輕輕磨蹭兩下，馬上就能知道是什麼牌了。還有，因為這學期幾乎一周兩次的努力不懈，我的牌也已經可以花著擺而不會有所失誤了了。嚴格的說起來，如果麻將跟柔道一樣分級和資格賽的話，我早就是可以是代表閬中的黑帶的選手了。

四圈牌很快就在我得意的笑容中結束了，我看了看表，速度真快才一個鐘頭又一刻，才這麼一會兒的功夫，我就賺完了這個月的所需要的零用錢。我心裡暗喜，正準備拍拍屁股走人時，雙簧的其中之一說話了。

「調莊吧，再來四圈！」

「不了，明天一早還要上學呢！」我站了起來，應該說我以為我站了起來，沒想到卻被一隻大胳臂緊緊的壓住，是雙簧的另外一個。

他說：「怎麼，贏錢就想跑？」

我沒說話，但兩眼直直地盯著雙簧兄弟，我其實有點想笑，但我知道時機不對，所以壓下了。我不是想要狠，實在是腦子一下子突然轉不過來，不知該說些啥，我在這裡贏了不知多少次錢，不服輸的話、氣話、狠話聽的不少，也看過摔牌的，但從沒遇上不讓走的。我有點傻眼，但又不想讓人看扁，所以硬撐著。

「擲骰子！」雙簧之一將骰子放到我面前。

我雖然有膽盯著那兩顆已經被濃煙燻黃的骰子，並且靜靜的坐著，但始終連個屁也不敢吭一下。我知道這個時候說出「不」字的後果，我雖然不是個真正的天才，但也不至於是個傻子，腦子正常的人，這個時候應該是啥也說不出的。但我終於也知道此時我數學就算再高分也完全沒用處，我連一點用語言反擊的能力都沒有，真是可悲啊。此時如果換成我那個說學逗唱樣樣都行的弟弟平生，就完全不會是這樣的情況了，他一定能說出一句機智的話好化險為夷的。

「調莊啊！」大胳臂雙簧說。他不說話還好，他一開口就令我想笑，剛才我好不容易才強忍住對他那句「怎麼，贏錢就想跑？」的笑意，結果現在幾乎就要決堤。這麼威武的一條漢子怎麼聲音細的個娘兒們一樣，細緻的就像隻被人捧在手掌心的小黃鸝鳥。

我只好把頭放到最低，然後有節奏的搖頭，再搖頭，以掩飾我嘴角上的笑容。

正當氣氛開始緊張時，大鬍子在他西風的位置開口了：「算了，他不過是個孩子！」大鬍子的聲音跟他的鬍子一樣的有威嚴。

雙簧互相看了看，沒再繼續堅持，我也把頭重新仰起來，看著大鬍子。我想我當時應該是流露出了一種感激的眼神，因為我看見大鬍子的眼睛閃了一下。

我站了起來，拍了拍屁股，這次是真的離開了那張令人不太舒服的竹板凳，有一種重新為人的感覺。

我跟在大鬍子後離開了麻將館，到了門外我還不忘丟給小王幾毛錢吃紅，現在想想當時的我還真是海派，跟到了台灣之後的我可真是截然不同。

大鬍子帶著我去吃了碗麻醬麵，我自以為很有機智的對大鬍子說：「打完麻將，吃碗麻醬，不加辣子，啃著銀子。」大鬍子顯然沒有我的幽默感，一點反應也沒有，只是呼魯呼魯的大口吃著麵條，結果還讓麻醬沾了他一嘴毛，挺不衛生的。

大鬍子放下了碗，還沒來得及打嗝就說：「你是個人才！我不會看錯的！」

我噗吃的笑了出來，沒想到把嘴裡的麻醬又噴了在他鬍子上，我趕緊拿出手帕邊道歉邊幫他清潔。我突然覺得，如果我是個女人絕不讓有鬍子的男人碰我，這一嘴鬍子，誰知都沾了些什麼，好噁心的。

「你只是自己不知道而已……」大鬍子有點自言自語的說著。

我難道會不知道自己是個人才嗎？如果我是，我難道會蠢到不知道嗎？

遇到大鬍子的那個星期六中午，我又跟他約在噴了他一鬍子的小麵館見面，我答應跟他一起去看看那個救國救民的偉大組織。

大鬍子請我吃了碗炸醬麵，還真是吃人的嘴軟，拿人的手短，我就乖乖的跟著大鬍子進到一家茶館。我跟大鬍子說，閬中的茶館我每個都瞭如指掌，因為我在沒愛上麻將前，只要有空就沉迷在這些茶館裡聽說書、唱戲，因為那時我有個喜歡的女孩，我們是那樣的談得來，但是，我從不覺得茶館裡會有什麼救國救民的團體，從說書的到聽說書的，每個人都像吸了鴉片一樣昏沉，裡面怎麼可能會有救中國的偉大人物呢？大鬍子沒回我的話，帶著我穿過了茶館，進到一個土巷子，轉了好幾個彎後，才進入一個不算大的土屋。

原來是在這種地方，這還像話，我心想，我的眼力架子這麼好，若真是在茶館裡，這個厲害組織是不可能逃過我的法眼的，就算逃的過我的，也逃不過月玲的吧，月玲真的比我聰明有智慧多了，今天，其實應該是她來加入，她才是真正的人才，我不是。

進屋前，大鬍子對我說，帶你來這就已經把你當作我們自己人了，有些常識你得先多少知道一些。洪幫他們以水旱碼頭為地盤，咱們清幫的成員以一般機關為主，甚至有些地方的省主席都是，你一定想不到吧！現在正值咱們中國的存亡時刻，清幫有義務為國家訓練人才，所以我們才進入學校，去尋找新血，知識份子能讓我們更強大更有智慧而不只是蠻幹，所以我才會帶你進來，你以為在麻將館的相遇是偶然嗎？

我睜大了眼睛，停下腳步，看著大鬍子，我還是跟以往一樣的不擅言詞，找不到一句適當的話來表達我的驚訝。

那麼，那兩個唱雙簧的呢？也是大鬍子你的安排嗎？

大鬍子哈哈哈的大笑了幾聲，聲音裡聽起來的不懷好意，就像我那天晚上見他的第一面一樣。但我想我已經沒了選擇，而且在這個亂世裡哪個人不搞幾個幫派來玩玩，我不該跟其他的學生一樣，傻傻的就錯過這個美好的年代。或許我能在清幫裡找到自己抗日生命的位置也說不定。

進了外表一點也不起眼的屋子後，裡面的一切讓我更合不攏嘴。這裡面簡直就是外面那個茶館的翻版，只是裡面這些人的氣味跟茶館裡的完全不同，反而像是進到圖書館找資料的人，我知道我的這個比喻不好，但這個清幫茶館如果擺上一排排的書，還真會錯亂了多數人呢。這些人一見到大鬍子就跪下磕頭，好像見到皇上一樣。連好幾個身體已經不行的老頭子都磕的很起勁。我不知為啥，突然有點飄飄然的感覺，明明人家的頭不是為我磕的，但我竟然感受到了那種受尊崇的心情。

大鬍子帶著我進了一個小房間，裡面已經備好了茶水和點心，點心是閬中有名的芝麻酥，小盤上芝麻酥疊的很有技巧，最下層是四個，上一層是三個，再上一層又是四個，然後又回到三個，最頂層是一個破了半邊的。芝麻酥旁的茶水擺法也挺有趣，茶壺嘴前有兩個小茶杯，茶壺把左右各一個茶杯，茶杯的青山水圖案，全都向著茶壺。我看著看著有點出神了。

大鬍子說，果然是個人才，一眼就能看出茶水跟點心的不同。擺的如此之怪異，難道會有人注意不到嗎？

大鬍子有點得意的繼續說，最上面那個破了半邊的芝麻酥，代表的是咱們中國破碎的江山，是我們清幫，更是所有中國人必須銘記在心的。

我點了點頭，我雖然沒有什麼藝術的天份，但這樣的象徵意義多少還能體會得出。那茶杯和茶壺呢？我問。

壺嘴的那兩個其中一個代表的是小日本鬼子，他們就只想從咱們中國拿好處，另外一個意義比較深遠，代表所有曾經侵華的帝國主義，全都想榨乾我們。那壺把左右的兩個呢？是清幫洪幫嗎？我問。

唉，大鬍子嘆了氣說，並不是我們這些充滿理想但不成氣候的幫派，那兩個，一個是國民黨，一個是共產黨。

我喔了一聲，頓時覺得清幫裡大有人才，不知憑哪一點大鬍子會看上我。

「還有很多要學的呢小子！先磕頭拜師吧！」大鬍子旁不知啥時鑽出了一個小夥子，他對我笑了一下。這個人好面熟，我用力的想了一下。

「啊，」我叫了出來：「你是我姊姊那班的對嗎？」

那小夥子又對我笑了一下。難怪這麼面熟，我就知道一定在哪裡見過他。我有點放了心，顯然我不是學校的第一個清幫份子，當然也不會是唯一，只要別當什麼第一或唯一，就啥都好說了。

然後我就依照了他們的規矩，向著大鬍子磕了三響頭，正式加入清幫，當然，跟小說裡說的一樣，我也被劃破手指滴了幾滴鮮血。就這樣，大鬍子也就成了我在清幫的直屬長官。

接下來我做了好多的事，見了好多的人，磕了好多的頭，因為一下子磕頭磕的太多，所以我的這個入會下午就變得昏昏沉沉的，好多叮嚀到我出了門後馬上就忘得一乾二淨。

「只是，」大鬍子說話了：「他年紀實在太小，不能排通字輩，這對他並不是一件好事……」

我不太清楚大鬍子師父在說些啥，但看著周圍的人都點了頭，我也跟著點了點頭。

然後我姊的同學就說了：「就排務字輩吧！年紀小，隔一輩也是應該的，可以嗎？樹田？」

我點了點頭，大家都高興了。

在清幫裡是依照「大、通、務、學、萬、象、歸、一」來排輩份的，因為我的大鬍子師父是「大」字輩的，本來我理應排「通」字輩，但這輩分對我這個中學生來說真的是太高了，有八分之七的幫內人見了我都得對我磕頭，所以只好把我往下降了一輩。我是無所謂，因為我的年紀真的太小，應該是清幫在全國招收中學生的第一批，另外就是我根本還不知道輩分高的好處是啥。一直到我有一次在台北的和平西路跟一個老太太一起打麻將時，她輕巧地向我透露出她當年在大陸時曾是清幫的高級領袖，我隨口的問了她，妳是什麼輩份的，老太太仰起下巴鄭重的說：「我—是—象—字—輩—的—吃—驚—吧—？這差不多是咱們清幫在台灣的最高輩分了，可以不用愁的吃一輩子清幫的飯……」

走出清幫茶館的大門時，已經黃昏了，我吃驚的望著天空，加入個幫會還真挺費勁兒的，足足用去了我寶貴的三個小時，但是結果呢，我連一條幫規都沒記住，而且聽了他們說了半天的話，我也還是沒搞懂我們清幫將怎麼樣的打倒日本鬼子，收復破碎河山，我真是百思不得其解呢。同樣的三個小時，如果是拿去摸八圈，應當會有更好的收穫吧。正當我還陷在有點悔恨的時候，我姊姊的那個同學突然追上了我，他氣喘吁吁的遞給我一個小本子。

「咱們清幫的規矩都在這小本子裡呢，你回去好好的讀讀！」他說。

我握著表面紅如黃昏的這個本子，對著我四中的學長，清幫的師弟說，謝謝你了。

這是我第一次也是最後一次跟清幫的聯繫，直到我離開四川回到北平，我都沒再見過我的大鬍子師父，當然，也從來沒享受過任何一次幫派的好處。

〈後記〉

父親與那位清幫老太太的相遇也是在一場和平西路的麻將局上，那個牌局因為老太太七搶一糊了個滿貫，所以直到今天，只要我們打麻將抓了五個花，就會學那個老奶奶說：大少爺，七搶一喔。父親一輩子都是麻將高手，但最後還是得了老人失智，所以關於打麻將可以預防老人失智一說，還真是不好說啊。

處處無家處處家

劉樹田

一個城市其實只要能有一兩件讓人記得的事，其實就已經很足夠了。

我對台中的記憶始終停留在綠川西街的那些柳樹上，當然還有我們家的麵條舖子。不過，這些柳樹是無法與北京老家胡同邊的那些相比的，因為那裏的樹幹有我跟弟弟所留下的生活遺跡，不是說我們好佔地盤，那個年代的小孩都是這樣長大的。而綠川西街這些樹，對我們來說真的太年輕了，年輕到沒有記憶的存在。

為了能讓我們一家人自己謀生，好心的張司令官給了我們一台壓麵條機。為啥我們需要壓麵條機呢，這還是得從我的父親說起。

父親一到台灣就退了役，照理說他打過日本人又是張學良的參謀長，官階地位都挺高的，他為什麼就毅然而然的退了役決心從頭開始的做一個平凡人呢？根據父親的說法是，就因為他是張學良的部隊，就因為他的官階高，所以無論如何他都不能留在國民黨蔣介石的底下工作。關於張學良跟蔣介石的恩怨我想就算不熟讀中國的近代史也能略知一二。張學良都被軟禁了，像父親這樣的人又能受到怎麼樣的良好對待呢？父親東北人的直爽個性在這裡表現無疑，那種寧為雞首不為牛後的死硬脾性。

所以我們一家子人什麼也沒有就靠著一台壓麵條的機器和十袋麵粉就開始了我們在台中的全新生活。老實說這對我們一家人來說是十分困難的，因為我們這裡面不是學生就是少奶奶，要不就是從來沒幹過一天活的二鍋頭酒廠大少爺，誰也沒有為填飽肚子而工作過一天。甚至我的姊夫，也都是個北大歷史系的學生，突然要他也做起壓麵條的工作實在是超乎大家的能力。

還好麵條是用機器去做的，我們所要做的只是用紙張把麵條一斤一斤的包起來而已。也還好這綠川西街住了一大堆從大陸過來的鄉親父老，每個家庭每一餐吃的幾乎是麵條，因為白米飯對這些漂洋過海來的大陸兵其實太奢侈了也吃不慣，所以我們麵條舖的生意好的不得了。幾十年後的今天我還常常在想，如果當年父親一直堅持壓麵條賣麵條的話，那們我們老劉家早就發大財了，至少也能跟現在的大成企業一較長短吧。真不知當年父親是怎麼想的，為甚麼就不覺得賣麵條是一門好生意呢？

不知道現在還有多少人知道當年的綠川西街根本只是一條臭水溝，而住在這附近的也幾乎全都是從大陸過來的軍人。這些軍人有的還是軍人，有的因為年紀身體或其他種種因素而退了役，還原成為一個普通老百姓，一個因為說著奇怪鄉音而與台灣本土格格不入的外省人。

被軍隊送到綠川西街這裡生活的軍人搭建著臨時的住處，清一色簡單窄小的木板屋或鐵皮屋。所有人的想法都是暫時忍一忍吧，很快我們就要打回大陸去了。相較於這些人，我們老劉家確實是幸運多了，因為我們住到司令官的一棟三層洋房裡。司令因為常住台北，因此讓我們一家住到他的家裡來，也算是順便幫司令看家吧。綠川西街很快就成為了台中的一個新興地區，雜亂的住著來自大陸各個省份的軍人，在眷村還沒開始的那個年代，這就是眷村，一條沒有盡頭的大陸人街。

家裡的環境因為一台壓麵條機器與十袋的麵粉而開始好轉了，我也找到了到山地鄉教書的工作。當然也一直沒有看到國民黨有什麼打回大陸的實際作為，只是蔣介石又當選了臨時總統。不知是誰投的票，至少我們老劉家沒有一個人有資格投票，就連我們家那個匪首石雲鵬，也因為過於正直的個性而推掉了成為國民大會東北九省代表的機會。

一切的跡象都告訴我們，劉家的根就要在這個叫做台灣的美麗島上深入茁壯了。民國49年，1960年，我的大兒子出生了，他也同時是劉家在台灣的長孫。接著，我有了第二個第三個兒子，然後一個女兒，他們相距各是兩歲。雖然政府提倡家庭計畫3321，但是俗話說的好，計畫跟不上變化，為了在這個美麗島上生根，我和妻子秀梅只能努力做人。也還好，生了這四個小孩，除了熱鬧之外，打麻將時總是不缺人手。話說我的姐姐樹人，更是報效國家有方，生了三男三女。雖然之後他們全部移民美國做了美國人，但是畢竟都是台灣培養出的優秀人才，以地球村的角度來看，移居到好的地方生活居住絕對是一件非常正確的事情。

說回麵條鋪子，如果當年沒有它，還真不知道我們這麼一大家子要怎麼活下來呢，所以現在每當吃到好吃的麵條心中還是會湧現感激之情與那時壓麵條機的樣子。

〈後記〉

這個麵條舖據說是在台中第五市場，最後轉手讓了人。在台中之後，父親一家人住過高雄，屏東，埔里，宜蘭，後來因為父親希望哥哥能念好的高中所以才搬到台北。對於1949年過到台灣來的這些外省人來說，我的父親已經算是幸運的了，因為他是跟著父母姊弟一家人一起過來的。那時不斷的在島內移動搬家是一件正常的事，因為對他們多數人來說，真的是關關難過關關過，處處無家處處家。

誰說師生不可以戀

劉樹田

是該好好的來說說我的愛情與婚姻了。畢竟我這輩子最大的成就，就是我的家庭。常常有人說，個性決定命運，對我來說還不止如此，我的個性也決定了我愛情的內容與我日後穩定的婚姻。

在我們這個時代成長的人，其實可以簡單的分成兩極，就是積極與不積極，沒有疑問的，我就是不積極的那一極。從小我就不是一個會主動或熱情去追求甚麼的人，加上對於愛情的幻想與憧憬，隨著那一年的嘉陵江水東流後，我就繼續變回了沉著，冷靜，內向，不多言語，並且繼續喜愛數學的人。

到了台灣之後，我終於明白我再也不是甚麼家大業大的少爺或公子哥，我已經完全沒有可以無所事事或整天遛鳥鬥蛐蛐的條件了，我必須跟父親一樣開始為全家人的生計付出點甚麼才行。

話說這一大家子的人光是吃白麵條，一天也能吃掉好幾斤。所以家裡的男人當然得背起養活家人的擔子。而我們這幾個人當中，就數我弟弟樹平腦子動的快，他每天到火車站做買空賣空的生意，也就是說，他從某人那邊拿銀元然後去火車站前面人多的地方找人換台幣，然後再用台幣來買銀元，就賺這中間小小的價差。雖然看似簡單，但是弟弟說這是他費不少唇舌才建立起的「信任鏈條」，可輕忽不得，不過靠著他的這個鏈條，我們一開始確實受惠不少，直到離開台中。後來我和樹平話當年時還常常會提到他的這段經歷，總是會玩笑地說，要是當年他一直在台中火車站前倒銀元，那麼台中銀行就該是咱們老劉家的了。

那麼我這個念過一年大學的人呢？在這個完全陌生的地方我又能

做些甚麼呢？名言「天無絕人之路」又在這裡得到了一次驗證。父親的朋友楊德鈞出現在我們面前的時候，他說他已經是南投縣教育局局長了。

「孩子們，上山吧。」楊德鈞對著我和幾個東北老鄉說。（雖說是老鄉，但我們其實全都是20上下的年輕小夥子）

「山上的學校缺老師，你們念過書，閒著也是閒著，就去教書吧，還能掙錢養活自己，比每天這樣晃悠晃悠的好多了……」然後楊德鈞拍胸脯對著我們幾個傻呼呼的小子保證，一定會給我們最好的待遇，讓我們度過艱困時刻。

就這樣，王霏羽，張庭鐸，郎景春和我，我們就這樣的進入了南投縣仁愛鄉當了代課老師。我們四人的友誼不僅因此一直到老，就連我們未來的四個家庭也就隨著這次的決定被老天爺安排好了。沒有一個未來不是因為過去的選擇，這樣的說法放在我們的身上更是被驗證出它的智慧來。

在南投仁愛鄉與和平鄉教書的這兩年，可說是我年輕歲月中最放鬆的時間。山地學校的單純讓我能隨自己的喜好教學，即使我沒有任何的教學經驗，但是教教國小國中的數學對我來說就像吃飯喝水那樣的不費勁兒（憑良心講連校長都沒我的數學程度好）。雖然每隔半年我就得配合政策轉一個學校，但是在每個學校我都跟其他的老師和學生有著很好的交情。我們一起建立山地學校的制度甚至跨校的運動會，說到這裡還真有趣，從前我是最不喜歡運動的，但我卻在台灣的山地學校開始了我的排球運動，甚至還成立了學校的排球隊。

我常想，台灣的山林有一種令人昏眩的靈氣，走的進來可並不一定走的出去啊。

台灣山地的魅力，我完全無法抵擋，我愛這裡的空氣，山林，湖水，更何況是清新的山地小姑娘。後來，我如願以償的娶了山地小姑娘，她是我曾經教過的學生，想來，我不僅教給了她數學，更在她身上證明了人生的愛情公式，那便是彼此不斷的付出犧牲，以換取美滿的家庭。

還記得我們在山上太太家訂婚的那天，老丈人殺了兩頭牛五隻豬，部落裡的親戚朋友每一戶都拿出了自己釀的小米酒供賓客飲用，完全的台灣泰雅族習俗，熱烈真誠的慶祝著我們的結合，並且據說，部落狂飲了七天七夜，只可惜我在第一晚喝完酒就到和平鄉報到去了，無法與大家開懷暢飲，要不然我就可以知道到底是東北人的酒量好還是台灣原住民的酒量好了。

我在東北出生，到北京，四川再回到北京，然後到了台灣，走著這樣一條轉折的路，但我竟然在台灣的山上遇到了我人生的伴侶。曾經多麼遙遠的距離，後來卻又多麼的靠近。一北一南，沒有任何關係，後來交會，然後融合成一條線，向著惟一一個方向不斷延伸。從這一條線開始，我們有了第一部彩色電視，我們的兒子女兒相繼出生，一起看電視的人，從我們兩個到三個四個五個六個。我太太的國語始終混著她的山地鄉音，如同我的普通話始終有個東北腔一樣。我們就這樣生活在一起，可惜的是她嫁給我的時候的年紀太輕，之後漢化又太深，以至於不會打獵不會唱山歌也不會釀小米酒，現在只懂得醃東北酸菜，烙韭菜盒子和唱卡拉ok。你問我滿意嗎？我想感謝楊德鈞，若沒有他的出現，我便不可能上山當老師，那麼我也不可能遇到我的太太，更不可能有現在這四個「台大」

（台灣大陸）混血兒。

後來，在可以重新復學的時候，我進了台灣大學經濟系念書，獨自在台北過學生生活，卻把年輕的太太留在家裡幫著父親母親做生意。老實說，那個時候她跟我家人的感情比跟我的還好。有時我會回想，也許一開始我們真的不是因為深深的愛情而結婚的，這個婚姻，誠實的來說還夾雜了一些其他的甚麼，好比，那時的本省女孩才不嫁我們這種外省男人，還有，山地姑娘真的比較乖巧也能做事……不過，經過了幾十年的生命共同體，我們之間跟多數的老夫妻一樣，早有了一種不用言語的生活默契，也許不如炙熱愛情的炫麗，但卻是充滿著柴米油鹽的現實婚姻滋味。也許就是這種平平凡凡的相處相守，才能讓我們一起走這麼長久的伴侶之路。

想到這裡，我不禁想說，師生戀其實也有好結果的。

〈後記〉

母親17歲就嫁給父親，跟父親生活了一輩子，也眼睜睜的看著他們兩人的共同回憶受失智症的啃食。母親一直抗拒接受父親得了「老人癡呆」這個事實，總是覺得父親是裝的。故意聽不到她說話，故意把東西藏起來讓她找不到，故意做些令她生氣的事情。「他這麼聰明的一個人……」母親老是這樣說，對著已經病情嚴重的父親，母親一直也沒把他當作是個病人。父親失智，母親卻幫他記住了好多人生大事，例如父親的同學，從名字到地址電話甚至家人的狀況。父親認識母親後生活的點點滴滴都由母親代勞了，連記憶也是一樣，而母親的記憶竟好到可以去參加比賽。老天爺綁紅線的方式確實有其美意，不到最後，誰也無法下斷論。

茶花開放的夜晚，我們在夜裡喝著小米酒，
我知道此時我的臉上刻著遺忘。
「你一定做過很多好事」有人走過來對我說，
就在我年華老去的時候。
「我曾經是個老師，還有，我的老婆是我的學生」
我看著不知道是甚麼地方的地方說。
如果可以，我希望用不後悔的表情取代遺忘。

45元的咖啡，60年的交情

劉樹田

啥時開始小毛變老毛的，我記不清了。十年前嗎？二十年前嗎？不曉得，或許從三十年前他就不再是四中時的那個小毛了。或者更正確的說法是，當我母親去世的那時刻，我們就開始叫小毛為老毛了，好像是因為父執輩的那棵大樹開始凋零時我們之間的一點戚戚之心吧。

我沒想過在台北輪停靠基隆港的那一刻，我會在岸上揮手的人群裡看到小毛那張熟悉的面孔，那個白裡透紅的笑容。

我緊緊的跟小毛擁抱著，這是我記憶中跟小毛最長、最熱烈的擁抱了，或許也是唯一的一次吧，記不得了。

「樹田，這就是台灣了……」小毛含著淚水在我的肩上說。

「是啊，你怎麼會在這裡的？你不是在河南老家嗎？」我也含著年輕的眼淚回應著好朋友的眼淚。從來沒想過會在這個地方這個時刻遇到這樣的朋友，一下子，在閬中的年少歲月統統湧上心頭，我緊緊的抱著小毛不肯放手。

「你就好了，一家子人都上了這船，我呢，一個人啥也搞不清的就這樣來了。」小毛在我的肩上說。

小毛離開學校後加入了青年軍，也就是所謂的十萬青年十萬軍，但是他們一戰都沒跟小日本打，日本就投降了。然後，也不知怎麼著所有的人就跟著國民黨的其他軍隊一起到台灣了。小毛到了基隆之後一直就沒遠離過這個碼頭，因為他聽說每天都會有船從大陸來，他相信怎麼也會碰上一個熟人的。沒想到才不到一個月的時間，小毛就等到了我，更令我們吃驚的是，在這一個月之間劉殿儒和吳偉民竟然也相繼到了台灣！我們309寢室的四個人自從離開四中回到各自的家鄉之後，從沒想過有一天會再相遇，更別說是在台灣島的相遇了，對於台灣，我們真的是一點概念也沒有的。

究竟是什麼樣的一條線把我們這些人這樣不顧遠近的牽扯在一塊呢？老祖宗喜歡說這是緣分，我總覺得光是緣分還不夠，我們這個時代的人肯定是被老天爺玩弄的不亦樂乎的一堆棋子，否則為什麼每走一步都有無法解釋的巧合？

我跟老毛一如以往約在博愛路的那家咖啡店，我們一直不知道原來這是一家日本的咖啡連鎖店，直到有一次女兒跟著我一起來，說要見見好久不見的毛伯伯，我聽她說後，才知道這家女兒曾經跟男朋友約過會的店，原來是日本人開的店。

「你們年輕時躲過日本人的轟炸，現在願意喝他們的咖啡啦？」

女兒眨著他的大眼睛說。

「那有啥？我們可是懂得進步，懂得向前看的一代人哪！」老毛對我女兒說。

大家都說我這一代是飽嘗顛沛流離的一代，我經常出神的看著台灣的天空問著自己，近代的中國所受的苦到底能不能濃縮在我這一代人的身上呢？父親嚐過的戰亂之苦，我其實只是感受輕微震盪而已。我從哈爾濱到北平，從北平到四川、到西安，再回北平，最後來到台灣，那十幾年裡我不知道哪裡才會是我的家，但這個小島的安定力量讓我已經在這裡生根，像小樹一樣的生出根來，緊緊的抓著這片土地。雖然我所散出的枝葉，與我那個家大業大騾馬成群的劉家大院不能相比，但，哈爾濱的老家在我至今年過七旬的生命裡好像只是一場夢，這裡，才有握得到的一切，才是記憶的儲存地。

我和老毛一人點了一杯45塊錢的咖啡，是那種最簡單的，沒有花式牛奶泡沫在上面的黑咖啡。我跟老毛都是老人了，我們從小喝的第一杯咖啡是啥樣的，我們就覺得咖啡應該是啥樣的，所以像年輕人喜歡喝的那種拿鐵或卡布奇諾，我是沒興趣的，總覺得喝那玩意兒不如就喝牛奶好了。

我跟老毛習慣各自出各自的錢，誰也不請誰，然後自己再把咖啡端給自己，就像侍應生給自己送餐一樣，據說這是時下流行的自助式，除了咖啡是由別人幫忙整的以外，其他的事兒全由自己來，拿糖、倒水、拿餐巾紙，就連喝完了之後也得由自己收拾。如果你不好好收拾，拍拍屁股就走的話，說不好還會引來下一位要坐你位置客人的不滿眼光，這就是自助式。這自助式的咖啡簡單，這自助式的咖啡店也讓我們二老跟其他的年輕小夥子一樣得自己照顧自己。

八十歲的老人用拿拐杖的手來端咖啡，我女兒的說法是，「特別有生活的痕跡」。我想，如果我現在能有機會也開一家店，我也開這種的，多省人力，這小日本就是聰明。

老人泡咖啡館很奇怪的，我的孫女這樣說。她說，別人的爺爺都喜歡喝茶，小杯小杯的老人茶，但爺爺卻不喝那些。我告訴她，關於茶，爺爺在中學時間就喝夠了！我想起在四川的那段時間，老是晚上不睡早上不起，就是因為每天泡茶館的緣故，所以我都到這個躺著睡不著的年紀了，不能再喝茶了。我喜歡咖啡，因為它的氣味，還有，那氣味底下的往事，還有，那也是我跟我女兒可以分享的一種滋味。

我的女兒跟我一樣喜歡喝咖啡，自從她到香港之後，只要回到台北，老是張羅著要我跟她一起出去喝咖啡，但我總是喜歡跟她在家裡喝，我覺得犯不上為了一杯咖啡從板橋跑到台北，有點太刻意了。所以我會拿出我的三合一，用透明的啤酒杯幫女兒泡一杯熱熱的簡易咖啡。我知道她並不覺得好喝，因為我總是熱水加的太多，但是她總是會跟我一起在窗邊那個不知是椅子還是桌子的木架上，一口一口的喝到精光。她說，那是我跟她兩人「雕刻時光」的方式，只在我跟她之間的。因為家裡只有我跟她最有資格一起做這事兒，我們一個是少奶奶，一個是老太爺，是絕配。我很喜歡女兒的說法，因為當我很小的時候，我也曾用濃濃的茶香來雕刻我的青春，現在，我能跟女兒一起這樣親密的享受一段時光，對我這樣的老人來說，真的是難得的。

每個星期，我總是會跟老毛在博愛路這家咖啡館見上兩到三次面，老毛自從夫人過去之後，人清閑無聊的很，除了跟我和劉殿儒喝喝咖啡聊聊天以外，也沒啥其他的事兒好做了。人年紀大了就是這樣，不是故意要走路變慢，說話重複，實在是因為時間太多，不慢慢走路，不重複說著一樣的故事，天怎麼就能從中午渡到黃昏呢？

每一杯咖啡都是一段往事，雖然老毛的往事我全都聽過，我的往事老毛也沒有不知道的，而且我們老是重複的說著，但是，就像喝咖啡上癮一樣，我們就算啥話不說也能知道對方心裡的故事，沒有私密的懷念影像。

有時候，我跟老毛會早點見面，一起吃個午飯然後才泡咖啡館。跟泡咖啡館的習慣一樣，我們總是到同一家自助餐店，選擇幾乎一樣的菜。我老婆常要我請老毛吃好一點的，不要老是跟那些學生一起排隊搶菜，我卻不是太同意老婆的說法，我不是小氣，不是不願意請老毛吃大餐，而是，吃路邊的自助餐和喝45元一杯的咖啡一樣，都是我跟老毛老年生活裡的固定樂趣，雖然不夠氣派，但至少是那種能由自己掌握的享受，這確實是我老了之後所少有的自我決定權。現在在家裡，每個人都是戶長，都有決定事情的權利，就連午飯也都是菲傭控制，哪有一件事是我所能控制掌握的呢？就連三歲孫子出的主意都比我的受到注意。所以在小巷裡吃自助餐，雖然寒酸，至少是吃自己所選擇的菜式，而不是別人給安排好的。我這樣想很隔路嗎？也許是吧，但是，我就是這種人，咬著死𥚃，拿麻花也不換。翻譯成現在的台灣話來說，就是寧可咬著又臭又硬的大便，也不跟熱騰騰的菠蘿麵包換，所以我就是一個龜毛。

我常常在想，如果當年我沒在基隆港碰到老毛，現在還有什麼人會跟我不厭其煩的一起喝著平平淡淡的45元咖啡呢？有誰願意老是聽我重複相同的故事只是為了雕刻時光呢？
平凡老人的平凡事，就是我跟老毛這樣的一杯午後咖啡吧。

〈後記〉

毛伯伯在2009年的農曆新年不慎跌倒，我跟母親帶著已經開始失智的父親去他位於中和南勢角的家探望他。毛伯伯躺在他的單人床上，原本個子就不高大的他，那時整個人顯得特別瘦小，但還是有意識的跟我們說了幾句話。

我轉頭問父親：他是誰你知道嗎？

父親露出疑惑的眼神，然後搖頭。

我說，「他是老毛啊，毛瑞英，你最好的朋友。」

於是父親低頭仔細的端詳毛伯伯，說：「他是老毛？怎麼老成這個樣子了……」

我想，那時父親對毛伯伯的記憶應該還是停留在一起喝咖啡的美好時光吧，更或許，是他們四川中學時期那個皮膚白裡透紅的伙食委員小毛。

2010夏天，毛伯伯去世了，母親一個人前往參加毛伯伯的告別式。回到家，母親告訴父親老毛的事情，父親沒有甚麼反應。我和哥哥們都覺得，還好父親失智到已經完全不記得老毛這個人了，若是他還保有對毛伯伯的一點點印象，應該是會將老淚流盡那樣的悲傷吧。

●
●●

延長生命的一條線，用著廉價的塑膠，沒人知道價值有多少，只有他本人，也只有他本人才會知道要不要繼續。

這是一個很難的抉擇，相較之下，買一部車或者一棟房子都算不了甚麼，關乎生命的事，才是大事。

2012農曆年初三，父親因為呼吸衰竭住進台北慈濟醫院加護病房。瘦弱的身體插了呼吸管，我們都很不捨。在這裡，我們遭遇了面對生命消逝的第一課，究竟應不應該為他老人家插管急救呢？如果是一般老人，就算他自己不能決定，我們也比較容易下這個決定，但是，他是個失智老人。救回這個生命的意義為何？對他有意義還是對我們這些家人有意義？如果我們說生命的品質更勝於長度，那麼，我們到底該如何幫父親做這個決定呢？

什麼是美
那時我們不懂甚麼是美
那樣的日子好美
真的找到了你愛的人
就該變成一條線
一輩子在一起

我多麼希望忘記這一切的，是我，而不是你

劉張秀梅

在我結婚的那個年代，沒有人不冠夫姓的。而這一冠就把我整個人生，都灌進劉家了。

結婚之後的我，就再不是張秀梅，也不再是那個山地姑娘「亞依諾」，而是劉張秀梅。劉家辛苦困頓的時候我就辛苦，劉家小康，我也就能開始買買自己喜歡的衣服鞋子，劉家逐漸在經濟上富裕些後，我也開始過著舒坦的晚年生活。簡單的說，我自從嫁給劉樹田之後，就完全成為一個「劉家人」。劉家的喜怒哀樂就是我自己的喜怒哀樂。這一點對很多現代女性可能覺得很不可思議，怎麼可以這麼沒有「自我」的存活著呢。但我還是要說，每個時代的女性都有自己的幸福與不幸，而我，也只是那個時代女性的一個縮影而

已。相對於我的同學，姊妹，特別是同一年齡的山地姑娘來說，我想，我是很幸運的。

只是因為，我嫁了一個好先生。

我們是結了婚之後，先生才去台大繼續念書的。所以他念書的那段時間，我跟著公婆和幾個那時跟他們劉家一起從大陸來的爺兒們生活在一起。那時候不僅要學著適應外省人的生活方式，還要幫著做生意，幾乎每天都是睡眠不足。而先生也是每個月才從台北回台中看我一兩天而已。不過當時年紀小，也不覺得那樣的生活辛苦，也不覺得一定得跟先生一起生活才是正常的婚姻生活。跟一大家子一起顧個麵條舖子，很熱鬧也有意思，至少，這是我人生的新開始，完全不同於在仁愛鄉的山地生活。那時我常常覺得，我並不是生活在台中，而是生活在中國的東北，因為家裡的每個人都講著很特別的國語，跟我在市場碰到的台灣人是完全不同的。直到我的兩個妹妹也分別嫁給了外省人，一個四川，一個山東，我才知道，這些老劉家的人，不僅說著很特別的國語，說的還是太過標準的國語。我於是跟著他們學說著東北土話，也跟著他們大口吃麵條，站在一旁學做大餅，也知道每到過年就要開始醃酸菜。

我常常會想，我先生為什麼要娶我？

我沒有學歷，沒有家世背景，又是一個來自山地的女孩，無論從哪方面來講，好像劉樹田都應該找個更門當戶對的人。但是上天的安排就是這麼巧妙，也許我的祖靈也聽到了我母親的禱告。

我的母親是一個很特別很有智慧的人，她說，她在我們姊妹很小的時候就祈求過祖靈，不要讓她的女兒嫁給愛喝酒的山地青年，希望她的女兒們都能走出這片大山，去看看外面的繁華世界。於是，她的三個女兒嫁給了三個外省人，一個是牧師，兩個是老師。也都脫離了山地生活，擁有自己的美滿家庭。後來，我的母親跟我的公婆相處的非常好，雖然很少見面，又沒有共通的語言，況且我的母親會說的日語又是我公公前半生最痛恨的小日本鬼子話，但是，我的公公特別欣賞我母親的純樸樂天，還有屬於她那種很特別的聰慧。我想，我在某部份也遺傳到了母親，有一點小聰明，更有某種過目不忘的本事，例如不用紙筆也能記住全家大小的事情，像編年史那樣的記憶著。說到我的公婆，我很感謝他們如同對待自己女兒一樣的對待我，也許我真的年紀太小就嫁入夫家，所以公婆就像教女兒一樣的教導著我（說不定我比他們親生女兒學的更多呢），讓我成為一個不僅會做外省飯，會生兒育女，也懂得很多東北習俗的媳婦。當然，我想我的順從，單純與沒有心機，也是很多媳婦都比不上的。我盡量聽公婆的話，待人好，不多話，也很少回娘家，這些在現在的社會應該也是少見的，不過我想在我年輕的那個時候，大部分做人媳婦的都是這樣的。

當然，我也常常會想，我為什麼會嫁給劉樹田這個人呢？

當初我們的認識，並不是甚麼一見鍾情，也沒有所謂的怦然心動，就跟一般的青少年一樣，我們都是一群人到處去玩，慢慢地才成為好朋友的。好像也沒有甚麼那種「我一定要嫁他」或者「我一天見不到他就無法呼吸」這樣的愛情。我好像是嫁了他之後才跟他慢慢的培養出感情的。他是一個孝順的人，我幾乎覺得是因為我能幫他照顧家人所以他才把我娶進門的。在我年華正好的時候，其實除了他還有一個也在追求我的小警察，只是，我也是個孝順的人，那時候我母親很堅持要我嫁給一個老師而不是警察，而我也很聽話沒有任何異議的就嫁給了這個老師。感情，真的是從每天的生活中累積下來的。現在的人常說，因相愛而在一起，因了解而分開，我卻不是這樣，我是因聽話而在一起，因相處而相愛。

只是現在要我回想跟樹田一起生活的點滴，我還是要說，還好我的脾氣好。

樹田這個人，用他們的東北話來說，真的很隔路。脾氣古怪的他，不是那種會對人動手腳或大聲怒吼的人，不過一旦生起氣來卻是像金鐘罩附體那樣的令人無法靠近，說也說不通，所以只能不理他。他對小孩有他自己的一套辦法，我也插不了手，他書念的比我多，我想他應該比我會教小孩，但是我最後發現，他的那一套其實就是「無為而治」。記得女兒大學畢業的時候，他曾經語重心長的說「說起來我們這幾個小孩還真不錯，沒有一個變成流氓太妹的……」也不知道為什麼他對小孩的標準那麼低，這幾個孩子應該也很詫異吧。不過在生活細節上他對大家的要求又非常的嚴格，像是用完東西一定要放回原處，離開房間一定要關燈這樣的事情，如果有誰沒做到的，就一定會挨罵。他一直是個整整齊齊的人，東西的擺放，自己的生活空間，直到失智之後，他的這個習慣還是沒有改變，就連吃完的柳丁皮，也要排放得整整齊齊的。有時候還會心血來潮的去幫外傭疊衣服清理廚房。

他其實也有他溫柔的一面。有時候知道自己亂生氣，但又不知該怎麼道歉，他就會多給我100塊零用錢，說，去買點甚麼給自己吧。還記得在宜蘭的時候，有個中秋節，我們在孩子們都上床睡覺之後（那時先生規定孩子們八點就必須上床睡覺），他騎著他的80cc摩托車載我到公館海邊，散步了一下之後又帶我到三角公園吃燙魷魚（那個年代米粉羹一碗才2元，而燙魷魚一盤就要80塊錢）。魷魚沾著辣辣的芥茉，那是我第一次那樣的吃魷魚，而且只有我跟他兩個人，我記得我的眼淚差點要流下來，不知是因為芥末還是感動。而那，就是他這個人表達浪漫的方法。那個年代的我們，就是這樣的平實的過著夫妻生活，只有一個單純的念頭：「苦過來就好了。」

我們真的一起苦過來了，但是他卻開始受失智所苦。

退休之後，樹田過著閒雲野鶴的日子，每年都會出國旅行好幾次。開放到大陸探親之後，他不斷的寫信，終於找到了在哈爾濱的親人，他於是打了金戒指金項鍊帶到大陸與堂兄弟姊妹們相會。他也回到了朝思暮想的國立第四中學，見到了分離50年的同學，他每年都一定回去探望親人同學，能幫忙的就一定幫忙，不管是送年輕的一代出國念書或者只是經濟上的接濟。他總是那句話，東北三寶沒能做到的那些，無論如何都得由他來做。況且，我們已經苦過來了，那些人還不知甚麼時候能過上好日子。我也跟著他回了哈爾濱好多次，直到2008年他的五哥過90大壽。那時樹田已經失智，見到五哥也無法有任何的表達，只是五哥眼眶中打轉的淚水，讓人好心疼，那時我和孩子們就想，可能這是他最後一次回東北老家了。身體還好，而是心智已經不容許他再繼續這些人生大事了。

他失智之後，我開始像照顧小孩一樣的照顧他。

他不想戴假牙就不讓他戴，他喜歡撕面紙，就讓他撕，他把遙控器藏起來我就去找，他把痰吐到魚缸裡我也只能罵他兩句，他不願意上餐桌吃飯我就把碗移到他面前，他叫我姊姊我也只能苦笑……好的時候，你叫他劉樹田，他會回答一聲「有！」多數時候，卻又完全沒有反應。明明知道這就是一種病，但我卻一直無法調適我的心情，總覺得像他這樣聰明的人怎麼可能得這樣的病。老人癡呆，每次出門我甚至無法平心靜氣的告訴外人我的先生因為老人癡呆所以會有些奇怪的行徑出現。我更無法接受的是，我與他一起生活了六十年，生了四個小孩，而他卻連我是誰都不知道，還常常把我說成是他的母親或姊姊，真是情何以堪。他不僅僅忘了我，忘了我們的孩子，忘了我們一起吃過的苦，就連他自己最後是誰都記不得了。他可以不記得他自己，但是卻不會忘記有禮貌的跟人敬禮，並且說謝謝或者對不起，你該如何對他生氣？怎麼捨得對他生氣，生了氣之後接著而來的那種心疼又有如刀割。

我無法接受那種空白。我無法接受這個我跟了一輩子的人，現在他的心裡完全沒有我的存在。我可以像照顧孩子一樣的照顧他，但是說真的，我卻無法接受他忘了這一切，我真的無法接受他是個癡呆老人這個事實。我一直以為人老了就會變傻，反應變慢，但卻很難接受我的先生，原本這樣一個一家支柱不僅記憶受到啃食，連一些基本生活功能，都會退化到不能自理的地步。

這麼多年來，我始終也沒有把自己的心理調適好，孩子都說，妳就把他當做病人來照顧吧，因為這就是一個沒有解藥的病。但是，我真的沒辦法只是把我的先生看成是一個「病人」。我所受的短暫教育，我所理解的有限人生知識都沒有教過我如何去面對我最親密的人是一個失智的人。如果他甚麼都不記得了，那麼我對他的意義是甚麼呢？過去的那一切又算甚麼呢？

我真的很痛苦，特別是在他因為呼吸衰竭住進加護病房的那些日子。每次看望他後回到家來，我都無法自處。一個沒有他的家，還算是個家嗎？我的這一生，一直是以他為中心的生活著，即使他失智，但也是在家裡跟我一起生活著，我從沒有遠離過他。

我的先生一輩子個性急躁，鼻子過敏，喜歡皺眉頭，年輕就滿頭白髮，老愛穿夾克，他一年不抽一次煙，但一旦抽了就一定要表演吐煙圈……他總是用他特別的算術方法來做加減乘除，更喜歡用「裡外裡」的那個公式來看待人生。舉例來說，如果預計打牌應該輸500塊錢，最後卻沒輸。那麼他會說其實是贏了1000，因為沒輸出去的500拿去買了本來要多花500塊錢才能買到的米，那本來應該要花的500卻因此省了下來，所以「裡外裡」其實就是贏了1000。如果用這個公式來看我的人生的話，我因為沒嫁也許會喝酒打人的山地警察，而嫁了他這樣顧家又有品德的好老師，那麼我的人生「裡外裡」的幸福就是應該加倍的。樹田，你說我算的對嗎？

如果有一天　是我失去記憶
你依舊會在天冷的時候把我的腳塞進被窩嗎
你還會在每個星期六中午為我做一碗熗鍋麵嗎
你會繼續用著我喜歡的方式叫我母老虎嗎
看電視的時候你還會把沙發的左邊讓給我坐嗎
你會不斷的提醒我，我曾經多麼的被你寵愛著嗎
如果有一天　是我失去記憶
我多麼希望忘記這一切的　是我　而不是你

對於這個父親，爺爺，我們有無限的思念。

愛，不會失憶

劉銘

這幾年，老爸罹患老人失智症，記憶力一天比一天衰退，常常會分不清叔叔和弟弟；偶爾自北京返家的妹妹，他就更不認得了。所幸，他還認得我，想必這是拜我坐輪椅所賜吧！因此，我稱得上所有家人中，他最常主動找來說話的人。

老爸最常問我：「一個星期在電台主持節目幾天？是幾點到幾點？一個月收入有多少？」我都一一回答。豈料，幾分鐘後，同樣的問題又問一次。

我心知肚明，這就是老人失智症的症狀，所以我總不厭其煩地繼續說明。有時候，相同的問題會重複問上三、五次，這是常有的事，我也總和顏悅色地回答。

老媽就沒有如此耐心，相同的問題只要老爸問上幾次，她的火氣就會竄升。

我會安撫老媽，說老爸還願意這麼問就不錯了，哪一天，當老爸默不作聲、不再問任何問題時，那代表他的病情更嚴重了。

說也奇怪，每當我要離去時，老爸都會送我下樓搭車，而且從來不會忘記；即使有外傭協助，他還是堅持送我。

有時候，離我告別尚有好長的一段時間，他卻已整裝待發了。

老爸總是靜靜地揮手道再見，目送我搭的復康巴士離去。每每凝望車窗外，看白髮皤然、佝僂的身影，我的視線總模糊了起來。原來，愛是不會失憶的。

老爸喝醉了

劉銘

那一晚，在觥籌交錯中，老爸喝醉了。

自從老爸罹患「老人失智症」（俗稱老人癡呆症），平常的日子裡，他沉默少言，唯有在親友們聚會的飯局中，藉著「酒精」的催化，他才會侃侃而談、變得能言善道，彷彿已經脫離了病症的糾纏。

身為子女的我們，屢屢處於兩難掙扎。因為，喝酒對失智症患者是不利的，可是，我們又希望老爸也能參與其中、賓主盡歡，為達如此效果，則必須藉助酒的刺激。

酒這種東西，像水，能載舟，也能覆舟；適度飲酒，對身體無害，一旦過量則傷神又傷肝。一般腦袋正常的人，在喝酒時都難做到「節制」，遑論是「失智症」的患者。

所幸，我們有魚目混珠的方法。

當老爸打開話匣子，開始重複「酒逢知己千杯少，話不投機半句多」、「處處無家處處家，年年難過年年過」這兩句話時，我們便取出酒的「替代品」給他喝，他完全察覺不出有任何異樣，仍然喝得十分開心，且不時找人乾杯，親友們也心知肚明，頗能諒解、配合。

那兩句話似乎是他腦袋中僅剩的語庫了。每當聽到那兩句話，便代表老爸已經喝得差不多，是該掛「免戰牌」的時候了。

那一晚的聚會，喝的是威士忌，而我們準備的替代品是色澤相仿的「茶水」，不過，老爸一開始就喝得太快、太猛，不時地與人「拚酒」。當我們欲進行魚目混珠大法時，卻是遠水救不了近火，因為老爸喝過頭了。

有一度，老爸因為口渴想喝茶，誤把公杯的酒當成茶，一口氣喝下大半杯，當我想阻攔時，已經緩不濟急，這讓我好生苦惱。這也註定了當晚他會醉得不醒人事，最後不得不被兩名壯漢，一人一邊「架」著離去。

望著老爸漸行漸遠的背影，心湖激起了悵然與不捨的漣漪。原本是家裡的「守護神」，曾幾何時，連保護自己的能力都已失去了。

老爸的脾氣

劉銘

爸爸的發怒，令人丈二金剛摸不著頭緒。

自北京飛往澳門的飛機，臨下飛機前半個多小時，老爸顯得焦躁不安，不時地問我老媽為何沒有和他坐在一起，他甚至錯亂地以為媽媽是坐另一班飛機，這讓他擔心下飛機後碰不到媽媽。

在飛機上，他根本忘記我是誰了，他問我為什麼不讓他和他太太坐在一起，而要跟我這位陌生人坐在一起，為此，他十分地在意。我還故作輕鬆，希望氣氛不要那麼緊張，我問他，那麼我姓什麼？他回答：「你姓馬。」我心想，我還馬英九呢！

飛機落地後，空服員說輪椅者必須最後下機，而老爸跟我是一起的，所以也是最後下機。他十分地不悅，認為都是我害他最後下機，於是先是指著我的帽簷說我是「懶人」，隨後又在我的肩頭重重地搥了一拳，「你又不是缺胳臂或斷腿，幹嘛不起來走路呢！」隨即他就跑走了，消失於人群之中。好在，最後老婆把他給找了回來。

這突如其來的舉動，令我錯愕、難過不已，老爸「失智症」的病情似乎進入了重度，他不但忘記了我的殘障，也將我視為與他毫不相干的陌生人。

澳門飛台北的機上，我們刻意安排老爸和老媽坐在一起，現在似乎只有他認得老媽，也只有老媽能夠安撫他的情緒。

那一晚，自板橋家中離開前，媽媽拿了幾個舊的杯子給我帶回家，爸爸見狀，十分不悅地表示，為什麼要把杯子帶走。另一旁的老婆，覺得解釋麻煩，於是隨意說了一個理由，她指著我說這杯子是大哥的，所以要帶回去。臨行前，爸爸跟到門口，火冒三丈地說，如果把杯子拿走的話，從此他要斷絕我們的往來關係，並且十分鄭重地要我好好地反省一下。

以往，我從板橋家裡回去，有時候，媽媽也會讓我帶一些吃剩下的菜、水果、茶葉等回家。為什麼爸爸不會生氣，然而這次卻如此地火大。

我想，一定是我觸犯了爸爸的一些禁忌，或是情緒的地雷。可能以前我從家裡帶東西走，他並未看見；或是我應該先告知他一聲，以示尊重；或許他今日的心情低潮、不佳。我不知道。

回家的復康巴士上，接獲大弟的電話，他表示，爸爸說剛才跟我大吵了一架，他問我是否有此事？我說我有幾個膽敢與老爸爭吵。我聽見那一頭的大弟對爸爸說，沒事了，我已經罵過他了。我知道大弟在安撫老爸的情緒。

回家後，我打電話給媽媽，問老爸還好嗎？媽媽說我離去後，她就罵爸爸，幹嘛跟自己的兒子計較。爸爸問媽媽，那個人是我的兒子嗎？為什麼他從未喊過我「爸爸」。

爸爸那一晚的舉動，就像去年自北京返回的飛機上，他重重地在我肩膀上捶了一拳，然後氣急敗壞地跑開，這種感覺令人十分地錯愕與驚嚇。

我知道，這是失智症發作時的反應。一旁的外傭珍妮佛一副氣定神閒、習以為常地安慰我：大伯，沒事啦，等一下他就忘記了。面對罹患失智症的老爸，會有種種猝不及防的事情發生，我尚在適應當中，無法像珍妮佛那樣地見怪不怪，畢竟我是他的兒子。

自從老爸罹患失智症後，他的脾氣比以前好多了，或許這對他是一種福氣，因為他再也不需為以往子女的種種問題發愁或惱怒了。只不過以往他的發怒，我們是有據可考，如今卻是無機可尋。

爸爸，我是ㄙㄨ、華

陳淑華

二〇一二年四月是我人生最難過的一段日子。

爸爸在四月一日往生，公公過了三個星期也過世。這個月裡，一下子誦經一下子唱詩歌，一回兒跪拜一回兒禱告，常常讓我法師牧師傻傻分不清楚。前塵往事卻總在這些時候慢慢想起……

剛生女兒亮亮時在坐月子中心，幾乎每兩三天，一到早上八點，公公就準時出現，不是拿著雞湯就是拎著水果，稍坐一下不到半個鐘頭就搭310公車回板橋，我們常常留他吃飯，他也婉拒，就是怕打擾到我，那一陣子他最常說的一句話：缺錢就說一聲！

另一件事也令我感念很深，女兒三歲之前十分黏媽媽，過年回板橋待個二天就待不住，先生又要留下來玩牌，深夜裡我只好提著大包小包再帶著女兒去搭車，有二年都是公公幫我又是拿大包小包，又送到路口，又是叫計程車，只叫我把小孩抱好，臨走時還塞個幾百塊說是車錢。這一年他已經七十五歲了！

公公的這些舉動都是把我當成女兒在對待，謝謝他能夠同理我的辛苦，有這些就足夠我感謝他一輩子。最後，希望兩位老人家一路好走！

我的名字是「淑華」，可是公公每次都叫我「ㄙˋㄨ華」，當他失智後，每次見到他，我第一句話就是跟他說「爸爸，我是ㄙˋㄨ華」，總是希望他能再坐著310公車，記得國賓飯店下車或是送我到莊敬路口搭車……

多麼希望聽到公公再叫我一聲「ㄙˋㄨ華」。

（本文作者為劉家長媳，當她同意嫁給患有小兒麻痺症的劉銘時，爸爸就告誡全家人一定要對淑華特別好，加倍好，因為有她，所以我們兄弟姊妹減輕了要照顧大哥的生活壓力與責任，所以淑華不僅是我們的大嫂，也是劉家的恩人。）

爺爺的創意

劉亮亮

在我比較有印象以來，我的爺爺就得了老人失智症，他總是把牛奶或果汁倒進飯裡、夏天睡在浴缸裡面、常常把東西放到大家都找不到的地方、把滾珠瓶的薄荷油當成口紅擦在嘴巴上，奶奶覺得很傷腦筋，我卻覺得爺爺做的事很好玩又很有創意。

以前我們在看新聞時，爺爺都會跟著念電視上的字，我覺得非常的有趣，有時，問爺爺問題時，爺爺也都答非所問，例如，我們問爺爺：「你今年幾歲呀。」爺爺就會回答：「船要開了呀！」都令大家哈哈大笑。想起這些回憶，我覺得我的爺爺是個可愛的爺爺。

自從爺爺住進加護病房後，來板橋家就會覺得好像少了什麼一樣。

4月1日，我的外公過世了，沒想到爺爺也在4月22日過世了，對於我一個小孩來說，一個月失去了兩個家人，實在讓我非常難過，但現在我不難過了，因為我覺得現在爺爺一定在天上一邊喝著咖啡，一邊守護著我們。

（亮亮是最小的孫女，現在國小三年級。每個星期五都會跟爸爸回板橋看爺爺奶奶，雖然相處的時間不多，但卻有失智爺爺與聰慧孫女之間的特殊感情。）

●

●●

記憶拼圖的原則有哪幾點？為什麼每次狗狗墨墨都會用幾乎一模一樣的方式進行他的散步

他的記憶是單純是依靠氣味嗎？

靠每隻同伴每顆樹每支電線桿所給予的不同氣味嗎？

那麼人類是依靠甚麼來記憶呢？我的父親是依靠甚麼來記憶他的人生呢？

究竟是哪裡出了問題，他才會突然變成了無依無靠而忘了曾經發生過的人生呢？

父親的影響

劉鈞

從小對父親印象是：他是個很辛苦的人。有記憶開始，他就是馬不停蹄地為這個家努力工作賺錢。嚴肅、個性內向、話也不多的父親，總是埋頭地做，遇到事情就自己想辦法解決，只要自己做得來，絕不開口請他人幫忙，即使是對自己的家人。

小時候，爺爺的生意經營不好，整個家只能靠父親教書的薪水過日子。為了讓家人過得好一點，父親每天下課要到處兼家教，幫左鄰右舍的小孩補習來貼補家用。所以每天都很忙碌，和他相處的機會變得很少，自然也就不太管我們。雖然父親是老師，可是他很少指導我們的課業，常常連成績單都是我們自己簽名的。

但父親會要求我們練毛筆字及學英文。

他要求我們每天在報紙上練習寫毛筆字，會不定時的抽查。在我讀國中的那一年，父親深知英文的重要，特地從埔里跑了趟台北，買了趙麗蓮的英語教學唱片給我和弟弟，要求我們認真學英文。記憶裡，除了這兩件事是父親特別堅持的，其它從小到大他幾乎不太管我們。父親很尊重我們做的任何決定。

小三那一年我們住在埔里。大哥因身體狀況需要在台北開刀，母親必須北上照顧大哥，父親就一肩扛起照顧我和弟弟妹妹的責任。除了白天教書，還要照顧我們三餐。記得那一陣子，每天一到中午吃飯時間，父親都會準時出現在學校門口，帶著他親手做得熱騰騰的便當來給我和弟弟吃。現在回想起來還真不知道他老人家是如何辦到的。

從小到大搬過好幾次家，印象中也都是父親一手打理的。從埔里搬到宜蘭那一次，父親自己就先去了宜蘭好幾趟，為的是要把住的房子先找好，我和弟弟妹妹要念的學校先安排好，以及所有該先準備的事都先安頓妥當後，他才回到埔里，帶著一家大小，一起搬去宜蘭。

之後因為我考上台北的高中，全家人除了父親繼續留在宜蘭任教，我們又一次大陣仗的搬到台北。父親仍舊是一個人，騎著他到宜蘭後買的第一台80cc的摩托車，多次從宜蘭騎到台北找房子，打點安排好所有的一切後，才帶著全家人搬到台北。

就是這樣的一個人，不強迫別人，也盡量不給別人帶來負擔，絕不願意麻煩別人，什麼事自己能做就自己做，這就是我的父親。

長大的過程中，印象最深刻的一件事就是父親住院了。

在我剛上大學那段時間，那時我們全家都已經搬到台北，只有父親還留在宜蘭繼續他的教職工作，只有周末他才來台北和家人團聚。有一次父親沒有回家，只打了通電話來說他有點不舒服。我們不放心，母親就叫我跑一趟宜蘭，看看父親的狀況。一到學校宿舍我卻找不到父親的蹤影。四處詢問之後才聽說他自己一個人拎著臉盆等盥洗用具到醫院去了。我最後還真的是在醫院裡找到了他。當時看見父親一個人孤零零的躺在病床上打點滴，心裡好難過。那一天我在醫院陪父親過了一夜。但第二天一大早，就被父親送到火車站叫我回家。

父親不喜歡讓家人擔心，有時就連自己吃了虧也能轉換念頭，說自己是占了便宜。

年輕的時候常常聽父親對我們說這樣一個故事。有兩個人死後被叫到閻王爺面前問話，閻王爺問如果以後有機會投胎，想要成為什麼樣的人？其中一人說他生前過得太苦，一直被人占便宜，所以他投胎之後要做一個可以占盡所有人便宜的人。另一個人卻說，他不想再占人便宜了。於是想占他人便宜的投胎成了乞丐，而另一個不想再占便宜的卻成為了有錢的員外。

以前每次聽到這故事就只覺得好笑，但後來開始工作，到現在自己創業，反而越來越能體會父親對我們說這個故事的意義。吃虧就是占便宜，我們要有「捨」才能有「得」。

父親從小到大都很尊重我們的決定與選擇，從不強迫。這樣的方式也影響了我在教育孩子上所採取的尊重以及開放的模式。孩子們想要做什麼、或是做了什麼決定，我都是以支持的態度面對他們。如果他們有疑惑來問我，我也只會給予我的意見，但從不影響他們的選擇。我覺得即使他們的選擇是不對的，也是一種學習。只要大方向不走偏，沒有涉及犯罪或是傷害到身體的事，都應該讓孩子們去嘗試。這是父親對我如何教育下一代的深刻影響。

我想父親的晚年應該是開心的。

退休後的父親，除了有固定的退休收入，我和弟弟也開始工作，因此家裡經濟狀況比從前寬裕，他老人家也就過得比較輕鬆了。那時候開始，父親經常有機會與家人和朋友出國旅遊。平日在台灣，我們也都會帶著他老人家一起出外踏青。

直到七、八年前，我們發現父親的精神狀況與行為舉止有些不一樣，那時開始，從他身上我們慢慢地了解到什麼是阿茲海默症，也才知道父親生病了。不過，現在回想起來，或許十年前的那場車禍對父親現在的狀態也有很大的影響；父親每天都有出門散步的習慣。那天正當他要過馬路的時候，不小心被摩托車撞倒，頭部剛好碰到地面。他被緊急送進了醫院。不過醫院檢查的結果是沒什麼大礙，只有一些外傷，所以把父親接回家後，我們也沒有特別注意他老人家後續的狀態。現在回想起來，如果當時沒有發生車禍，或是之後我們有對父親的狀況更關心一點，是否父親今天就不會這樣呢？

對家人來說，父親不再認識我們，的確是件難過的事。要照顧這樣一個失智的父親，全家需要投入的心力，肯定比其他一般家庭要多得多。但換另一個角度想，或許父親現在終於可以放輕鬆了，不用什麼事都自己一肩扛起來做。

父親一輩子都不喜歡也不願意麻煩別人，但現在的他，因為阿茲海默症而需要家人的照顧，幸好他不知道…於是，我們全家人終於可以全心全意的照顧他了。

您辛苦了！

倪寒芬

爺爺去世了！在我帶著孩子離開台灣到德國的一年三個月後。從德國回台北奔喪時，家人們都已冷靜地接受這個事實，我心裡卻著實哀傷，因為爺爺是我父親辭世前最重要的一個朋友！雖然他在父親走之前已經失智，但是他們在彼此都退休的晚年，卻有幸因為我和老公的婚姻與事業，而讓兩位老人家比鄰而居，更能常常一起聚餐與作伴出遊！

我和妹妹有一次聊到，老了以後，希望像爺爺這樣身體很健康，可是腦子卻不管用了，還是要像我父親一樣，生了病腦子卻還是清清楚楚的？但當時我們都沒有答案。

爺爺自從一次車禍後，記憶力就逐漸衰退，當然這也是老年失智的狀況。但因為跟我們一家人住在一起，有我婆婆與Jennifer 以及Lynn（菲傭）的照顧，他失智的情況並不像一般老人那麼快速。有一陣子情緒起伏較不穩定，後來雖然幾乎已經完全不記得親人了，但情緒卻非常的穩定，且說話也很有條理。偶而一些片段的失憶，並不影響他的作息或者與家人的生活品質！

即便失智的狀況越來越嚴重後，他總還是安安靜靜的跟我們坐在一起吃飯。有時候，我們回來晚了，他其實已經吃過了，他又坐下來陪我們再吃一次。婆婆怕他吃太飽，總會勸阻他！後來我發現，其實因為他的牙齒不好，咀嚼很吃力，所以每一頓倒也吃得不多。我們也就樂於他坐下來陪著晚回家的家人再飽足一餐！

還有，只要孩子們在家，他的情緒就特別穩定。彷彿責任感驅使似的！

有一次吃完晚飯，我說我要先上去（我與公婆住上下樓層），爺爺堅持送我到門口。突然告訴我：「您放心，孩子我會照顧的……」很多次，我要外出時，他常常想要跟我一起出門，奶奶就會告訴他，小芬是要去上班呀，他就會點點頭跟我說：「您辛苦了！」

看著他。我想起剛跟先生創業時，外文系畢業的我根本不懂財務。而畢業於台大經濟系的公公，開始不厭其煩的教起我基礎的會計理論。創業艱辛時，他卻總還是告訴我，待人的真理是——吃虧就是佔便宜！

他從來都沒有重男輕女的觀念！在那一輩的老人中，也真是很難得的一種態度。

印象中，我剛生想想時，老公因為公司工作繁忙，我娘家當時還在台中，他就自告奮勇在醫院中陪著我！我產後那幾天有點憂鬱，突然在他面前就不停的哭起來了。他沒有問，也沒有多說什麼，只是任憑我不斷地發洩情緒，他老人家晚年常掛在嘴上的一句話就是：人家不說，我也不問。或許也因為他這樣的智慧與雅量，讓我即便婚後有很長一段時間跟公婆同住，卻咸少有所謂的婆媳問題，多是他居中調和之故吧！

父親走後，我也離開公司與工作，最常與爺爺奶奶在一起吃飯，他總是坐在我的對面，默默地……

有一晚，老公回來晚了。我跟他說：「以後你早點回來，先下去看一下你爸爸媽媽吧。知道我有多羨慕你耶，如果我爸爸可以像爺爺現在一樣，我可以看到他，摸得到他，跟他說話，那有多好！我一定會很珍惜地！」

還沒說完，眼淚又不聽使喚的流下來……

那一霎那，我和我妹妹的問題有了答案，或許爺爺自己也並不想要用這麼長時間失智來跟孩子們告別的，他的存在與這樣的活著，對每一個親人是有不同的意義的。

一年前，在離開台灣前往德國的那一晚，女兒想想抱著他，不停地跟他說話要他保重。我也好想跟他說：「謝謝您，一直是讓您辛苦了……」

這一夜，德國的夜空因為日本節的煙火異常璀璨，月色也十分皎潔。

我想念著兩位老人家：阿公與爺爺，希望他們已經在天堂相遇，把酒言歡！

我這幾近半百的人生也因為他們的離去，而來到了另外一種心境，我不再畏懼死亡了。因為我知道，當有這樣的一天來臨時，我就會與我最親愛的兩位父親，在另一個世界重逢！

（本文作者為劉家二媳婦，她不僅在事業上協助劉鈞，更是花心思將劉家與倪家照顧的無微不至，是難得將事業與家庭兼顧的成功女性。在父親退休生活裡，二嫂小芬也是與公公相處最為親密的媳婦。）

我是最幸福的一個

劉想想

「這碗麵，是不是要拿個鎖還是什麼來開？」爺爺問，我帶著疑惑的表情看著他，不知道該如何回答……。

幾年前，爺爺出門買肉，和摩托車出了點小擦撞，受了傷。自從那次以後，老年失智症一點一點的侵蝕著他的記憶。平常因為爸爸媽媽早出晚歸，從上幼稚園開始，每天接送我上下學的工作，都是爺爺在做，還記得不懂事的我，總是在放學後，拉著他到便利商店或是路邊攤買個點心才肯罷休，而他卻沒有一絲怨言。就這樣一直到了國小三年級，他的失智症愈來愈嚴重，甚至有幾次，爺爺自己出門散步，好長時間沒回家，每個人心急如焚，趕緊出門找他，深怕他就這樣一去不回了。

還記得我的外公生病去世前，腦袋都還很清楚，不過卻也帶給他許多的煩惱。反觀爺爺，雖然罹患失智症，有時候大家都還滿慶幸，因為很多是他並不是很清楚，不必向外公一樣擔心這個、煩惱那個，這樣的爺爺也帶給家裡許多歡笑聲。

有一回姑姑在和爺爺吃午飯，姑姑問他說：「還記得我是誰嗎？」爺爺說：「不知道。」姑姑又問：「那，你有幾個小孩呀？」於是爺爺開始數：「老大劉銘、老二劉鈞、老三劉鎧、老四劉鋆。」姑姑接著趕緊回答：「爸爸，我就是劉鋆啊！」不料，爺爺竟然回答說：「你不是吧？你是外頭兒撿回來的。」姑姑帶著疑惑的表情問他：「可是大家都說我很像你耶！」爺爺接著說：「哎呀！那是大家安慰你的！」這段對話可是令姑姑哭笑不得，直說終於知道自己的身世呢！

其實現在的爺爺，連他最疼的我都不記得了！有時在客廳看到他，他總是帶著渴望的眼神往窗外看去，像是很想出門散散步似的，但是又怕自己一去不返，忘了回家的路。因此，假日的時候，大夥兒都會帶著爺爺一塊兒出門兜風，只要看著他臉上帶著興奮又愉快的表情，心情也不由自主的跟著好了起來。

多希望時間可以就停留在這個時候，而爺爺就不會一直再遺忘下去……。

（這篇文章完成在想想國中二年級）

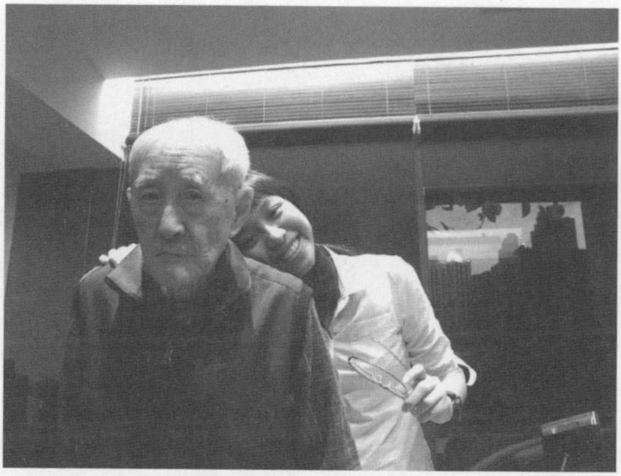

玩牌

劉銘

今年過年，念小三的女兒亮亮，學會了撲克牌中的兩種玩法，一個是「大老二」，一個是「十三支」。這讓她覺得頗有成就感。

大年初五晚上臨睡前，她請求我和老婆陪她玩牌。玩著玩著，我的思維不覺間走入了時光隧道。那是四十多年前的事情，地點是在霧社。那一晚，不知為什麼，其他的家人都不在，只有老爸和我。那個年代有電視，但家裡應該沒有足夠的錢買電視；那個年代，應該也有輪椅，只是從來沒有想過要買。所以我大部分的時間都待在家裡，極少出門。

老爸可能是怕我無聊吧，所以陪我玩撲克牌，我還記得當時是在玩「梭哈」。有一把牌，我是三條K，竟然被老爸的兩對給「偷雞」了。

這是很久遠很久遠的事情了，不知道為什麼我會那麼清晰地，宛如昨日之事般地烙印在腦海中，甚至連一些細節都還記憶猶新。

四十多年後的今天，我已由當時10歲左右的小孩變成爸爸了。現在我多麼希望，輪到由我來陪老爸玩牌，然而他之前所擁有玩牌的技術和能力，至今已經全部「忘記」了。換成我只能陪女兒玩牌了。

這就是為什麼，劉家每逢過年的傳統習俗，總少不了「玩牌」，不論是撲克牌、麻將牌還是天九牌等。或許如此的「玩牌」，會一代又一代的傳承下去；或許多年後的某一天，女兒也會想起，她的老爸在這樣的一個晚上，陪她玩牌的情景。

我的父親每天踱步
每天在這個小小的公寓裡發現他的新世界
每隔幾秒　他的腦細胞就做一次重組的工作
然後記憶重新拼圖
包括對於眼前的景象　重新認定與判斷
陌生人對於他　到底是一個甚麼樣的意義呢
而像我這樣因他所來到這個世上的人
對於現在的他來說　還有任何的意義嗎
也許　在某個春天　他會甦醒
然後記起這一切　如果這一天會出現
那麼　他最想做的一件事是甚麼呢
他會想要再次擁抱我或者他的結髮妻子嗎

只要我記得爸爸

劉銘

爸爸退休的幾年後，他常叫嚷著說自己「忘性比記性好」。最初，我們不以為意，認為年輕人有時都會丟三落四，何況是老年人的忘東忘西，就不足為奇、沒什麼大不了。

最近兩、三年，爸爸的話越來越少，從原來的主述者，變成靜靜地坐在一旁聆聽；以往每逢農曆春節，劉家傳統歡渡年節的方式就是「賭戰」，他也從好戰份子，變成極少參與的觀戰者。

直到他屢屢會將小弟與叔叔弄錯，有時認不得在北京讀書、偶爾返回的妹妹。此時，我們才意識到不對勁，趕快帶他去看診。就醫的過程可說一波三折，爸爸事先答應了，到了當天又反悔，說什麼人老了，記憶不好是很正常的事，幹嘛浪費錢去看醫師。

醫師表示，爸爸罹患了「老人失智症」（俗稱老人癡呆症），此病目前尚無任何藥物可治癒，只能藉著服藥減緩病症的快速惡化。每個人的狀況不一，嚴重時，可能會不記得親人好友、經常走失，甚至連是否吃過飯都不復記憶。

現今國內有約有十一萬名「失智症」患者，換句話說有十一萬個家庭，每日上演著老人家的腦力被蠶食鯨吞、逐漸蒼白的劇碼。

猶記年少時，爸爸揹著我往返於廣慈博愛院，當時他寬廣的背部，彷彿一張床，帶給我無限的安全感；想起爸爸含辛茹苦地把我們四個小孩拉拔長大、成家立業，如今這個守護神卻如同小小孩般地需要有人提醒、照顧。如此的落差與轉變，久久難以釋懷。

自去年開始，我在行事曆中排下了這個固定行程，就是每週四下班後返回板橋家，陪老爸喝喝茶、聊聊天，再一起吃晚餐。我告訴自己「樹欲靜而風不止，子欲養而親不待」，這句話不是口號，而是行動。終究會有那麼一天，他老人家會離我遠去，我將會萬般難過、感傷，但遺憾不會那麼多。

或許有一天，爸爸會「忘了我是誰」，忘了一切我們共有的美好回憶，想到這裡，眼與心一併酸了起來。但轉念一想，那又何妨？只要我記得他就好了。

天使的眼淚

黃裕和

與老爹的緣分，說來部份是跟山有些關聯的。

登山的最初，其實是「拿香跟拜」一蒙著頭一路由南橫向陽工作站翻山越嶺而去。在接受了中央山脈風化斷稜、詭譎天候與無止盡上下坡的見面禮後，重重的霧氣中紮完營，只剩下將酸痛的筋骨塞進睡袋的氣力了。

隔日晨光乍現，拉開帳篷撞見與天齊藍的湖色，如鏡的湖面映著雲彩，襯著四周風吹草低如塞外的高山草原，叫人驚呼，原來昨晚來到嘉明湖畔。會與山林結下不解之緣，或因面見壯闊冰斗遺跡的震撼，或因廣袤百里的人煙罕至，甚或是嚮往口耳相傳的山野傳奇與鬼魅遊蕩的驚悚詩篇，但初次拜訪嘉明湖的驚艷山途，絕對是深具影響的。更何況它還有一個令人心醉的別名——天使的眼淚。

與老爹的初次相遇，同樣有著意外與驚喜。

記得是剛脫下高中制服，考完大學聯考的某一天，劉鈞沒緣由地邀集幾個同窗到家裡吃飯。高中之後就在外賃屋當「老外」的我當下欣然接受，也第一次踏入板橋銘傳街的大門。

初來乍到，幾個高中生與長輩－老爹初次見面難免羞澀，行禮如儀地問候、寒暄後，只能端坐在餐桌旁傻笑。只記得老爹指著地上的一箱啤酒似笑非笑地說：「這些都是你們的責任額，沒喝完不可以離開。」嘩！在那個年代，菸、酒對未成年男孩來說絕對是禁忌，家長能「恩賜」放任狂歡，尤其是同學的家長，總覺得不是那麼的真實，幾個同學相視互望遲疑不敢下手。老爹看在眼裡，舉起酒杯逐一唱名對飲，酒過三巡，不曉得是擺脫聯考枷鎖的壓力釋放，或者是要證明自己已經長大領到「酒牌」，幾個大男生開始放懷暢飲享受這天上掉下的大禮。

眾所週知，高中男生不是喜歡唬爛，就是愛賈勇，老爹點燃戰火之後，現場充滿了横衝直撞的青春氣息，菜沒記得吃多少，箱子裡的啤酒倒是一瓶一瓶地見底。只見老爹對大夥兒的敬酒來者不拒，大有呂布戰三英、兵來將擋之勢，幾番廝殺下來，當時的狀況已不是杯盤狼藉可以形容，同學醉趴餐桌者有之，霸著廁所半晌不出來者有之，胡說八道、一旁傻笑、到處晃動者有之，老爹卻一派氣定神閒的繼續勸酒，完全是不醉不給歸。及今憶起，仍為其當年深不可測的酒量嘆服。

看著我們這群剛冒出頭的青苗，老爹或許心中有些感慨、也有些欣慰的。與他顛沛流離的青春年少相比，我們是何其幸運的安穩過日，如果能處在跟我們一樣的太平盛世，他的際遇一定大不同，我想。而他的兒孫自此不必像他一樣四方遷移，應該是值得他欣慰的吧。

如同與嘉明湖的不凡相遇，板橋自此變成我在台北的家，成為我往後年輕歲月裡悲喜情緒的最佳收納。

對老爹是有些敬畏的，一部分來自於兄妹間的口傳，一部分是緣於陌生。

慮及教育資源的優勢決定將小孩遷到台北，自個兒留在宜蘭工作，週六下課後回台北，星期天又趕回宜蘭，老爹比竹科人更早當起周末族，所以與老爹碰面的機會確實不多。

某一年寒假冬攀雪山發生意外，腰部受了外傷，在當時很多家長都把登山視為既危險又花錢的不良活動，回南部當然會挨罵，板橋成了最好的避風港，至此方與放假在家的老爹有了較長時間的相處。依稀記得，當時原另有冬攀南湖大山的計畫，有傷在身，籌畫大半年的計畫泡湯，且因行動不便只能待在屋中，心情真是盪到谷底。

俗話說：有一失必有一得，那一段日子也從老爹身上充分見識到東北人家對麵食出神入化的掌控，同樣一糰麵，可以擀成皮包餃子，所謂好吃不過餃子。也可以烙成餅，加些餡料一捲變成春餅，與台式潤餅相較就多了些麵香與嚼勁。當然，麵糰化身麵條是天經地義的，揉捻切段，巧手拉成麵條，以現成食材燴成魯子，打魯麵這種實惠又滋味雋永的家常美食，讓我這以米飯為主食的南方小夥子大大嘆服。當時年少貪吃，老爹辛苦擀製的麵條常常稀哩呼嚕就喀了一大碗，沒能細細品味，現在想來，頗有烏龜吃大麥之嘆。

口腹之慾得到滿足，鬱悶的心情頓時紓解大半。但，畢竟年輕臉皮薄，成天杵在家裡當食客著實覺得不太好意思。老爹看穿我的心思，淡淡地的說：「不過就是多雙筷子吃飯，想啥？」說罷，吩咐我把桌上的麵吃完順便洗洗碗。或許是東北人天生山高水闊的豪邁性格，也或許離鄉背井之時親友相互扶持的習慣使然，老爹對天涯淪落人〈其實我說不上啥淪落〉流露不經意的關懷，時至今日，仍常常對於他走過大江大水的寬容情懷銘感。

過年期間的家庭賭局，一直是節慶期間最重要的節目，縱使成家之後，依舊不會錯過這一年一次的盛會。其中最刺激的個人覺得非「射龍門」莫屬了，真所謂：人人有機會、個個沒把握，成堆的鈔票在不同的獲勝者間流傳，「Easy Money，Easy Go」，鹿死誰手不到最後無法分曉。偏偏我是屬於那種「有牌膽，沒技術，沒牌運」的，桌上成堆的鈔票常有我諸多的貢獻在其中。在那些年度的小豪賭中，也幾乎多以「貢獻者」的角色收場。好在，貼心的老爹為我作了一些「平衡」。

老爹總在一旁細心地觀察，適時地要求贏錢的人要給在一旁「加油」的吃紅，而且見者有份。就這樣，牌桌上輸的，經由老婆、小孩的手稍稍有了些回補，這種「牌桌上去、吃紅裡來」的絕妙平衡，大大撫慰了我，也為這肅殺的錢鬥增添一些家庭的溫馨。老爹，謝謝您！

天使的眼淚滴落在三叉山的大草原上，它不曾乾涸，依舊璀璨如藍寶。即使風來霧去，仍自靜靜地等候，等候著去撫慰山客的心。

伴著越過新康山，來自太平洋的海風入眠，旅人的身軀甦醒後不再疲憊，繼續昂首步入下一段。

老爹，是天使的眼淚，滴落在我們的心中，您　安息！

（本文作者為劉鈞高中死黨之一，那些年，他與我們劉家這幾個兄弟姊妹一起分享了青春歲月，就像是劉家的第四個兒子，也同時分享了父親的愛。）

蝴蝶，過來吃飯囉

盧蝴蝶

五月二十九日晚上十一點多，發現劉銘在skype上留言，「急事！請回電！」

劉樹田老師是我在念宜蘭商校時的經濟學老師，那段時間我很自卑，因為無法接受自己身上天生長滿了黑色斑點，我沒有甚麼朋友，更談不上會有一位老師的朋友。而劉樹田老師就是這樣一位亦師亦友的老師。

高職時因家在台北，我獨自一人在宜蘭讀書住在校舍，因一人在宜蘭，我的三餐經常是泡麵，吃到我真是怕了，常常聞到很香的泡麵，但吃一口後就無法繼續下嚥。當時老師很照顧我，經常會做些東北家鄉菜請我吃，特別是餃子和麵條，對於一個離鄉在外的我，讓我感到很溫暖，好像父親就在身旁。

劉老師的大兒子從小行動不便，必需坐輪椅，老師邀請我們去他家時，我認識了劉銘劉大哥，他是一位十分開朗樂觀的人，也因為劉大哥的關係，我參加了大部份團員都是行動不便的合唱團。這件事讓我當時的心理起了很大的變化，生活也變成多彩多姿。我開始有了很多朋友，也打開了一直封閉自卑的心靈。現在回想起來，我才發覺這是劉老師用心良苦的鼓勵，讓我慢慢的找到了自信。當然，我也因此跟劉老師以及他一家人變成經常往來的朋友。

現在，我在香港創業，從事報關行的工作，面對許多挫折卻能一一克服，這都得歸功於老師當時另類的安排。

我記得有次到劉銘家，老師還獨自一人由板橋坐公車到台北來看我，那時老師的身體狀況已經不如從前，頓時讓我好感動！

即刻撥打給劉銘的同時，心中想著是否老師有什麼事？接通後，竟聽到劉樹田老師已在四月二十二日離開了。放下電話後，腦海裏呈現出以往老師的景象，記得他上課時候的嚴肅表情，記得他曾經帶著我們十幾個同學一起去看電影……此時耳中又傳來了「蝴蝶，過來吃飯囉」

（從高中開始，盧蝴蝶就跟劉家有了很深厚的交情，她不僅是劉樹田老師的學生，也是其他家人的朋友，蝴蝶只要回到台灣，都一定會到家裡來探望老師師母。說起這個學生，劉老師的眼睛還是會閃過一絲光芒。）

失智的父親，每天都過著很規律的生活
每天下午的一杯咖啡與一塊蛋糕

狀況好的時候　他會請我吃一口他的蛋糕
狀況不好的時候　他會把我的咖啡混著他的蛋糕
想到那曾經一起到博愛路喝咖啡的時光
這許許多多的往事現在都成不了追憶
我只能每天記住他說的一句話
不管那句話對他有沒有意義
對我有沒有意義
是含糊的　還是生氣的
他對我好奇　不下於我對於他大腦目前狀況的好奇

昨天他把劉小猴（我心愛的玩偶）放到我的枕頭旁跟我一起睡
還幫劉小猴蓋了棉被
當他看到劉小猴坐在小三輪車上時
又走過去問「你累不累呀……」
我好心疼，我的父親

夢裡的父親

劉鎧

我從夢裡哭著醒過來。

不記得上次哭是什麼時候了，但那夜，從夢裡難過到現在。有股愧疚一直躲在身體的某個角落，隱隱約約的。

在Daddy眼中，我或許一直不是個孝順的兒子吧……不然怎麼會沒察覺他當時把照片一張張放在那面牆上的原因呢？如果早點發現，我是否會更珍惜與Daddy相處的時光呢？我會花更多的時間陪他老人家聊天、多去了解他在想些什麼嗎？

那一夜的夢好真實。Daddy坐在家裡和式房裡，把特地拿去放大的照片，用透明塑膠袋一張張包好，背面用膠帶貼緊，整整齊齊擺放在一面有格子的牆上。我看到了我的畢業照、哥哥的畢業照、妹妹的畢業照、全家的合照、還有Daddy兄弟姊妹的照片。Daddy不斷在那面牆放上他特地挑選出來的照片。所以每次回家，我們總是會走進和式房裡，看看這次又有誰被擺上去。慢慢的，整面牆佈滿了Daddy精心挑選的照片。

為什麼Daddy要放這麼多照片在那面牆上呢？從來沒有人去問過他。但那一晚在夢裡，我好像突然理解了。

Daddy要把我們每一個人都記住。

那個年代的父親，本就不擅長與家人、小孩表達愛與關心，而Daddy又是內斂嚴肅的人，所以從小我們就和他老人家比較有距離。每天忙著賺錢養家的Daddy，很少有時間管我們，更不用說分享彼此之間的事情。即使他心裡有事，也一定是他自己想辦法解決。在夢裡，我意識到Daddy其實已經發覺自己的記性開始退化。

他或許不知道也不懂什麼是阿茲海默症，但他知道自己年紀大了，記性不好了，擔心會把最親密的家人給忘記，所以開始把家人們的照片一張一張的放大，掛在牆上，這樣他就可以每天提醒自己。Daddy意識到記憶力可能衰退的狀況下，他從來都沒有和我們說過。我們做子女的似乎也沒有特別警覺到父親有哪裡不一樣。

那時的我們，不知道要好好欣賞那些Daddy放在牆上的照片，也沒有更細心地去發現及關心他行為上的改變。而現在，我不知道自己還能為他老人家做些什麼？要如何去彌補這麼多年來Daddy因為擔心忘記我們而努力地用照片提醒他自己的苦心呢？

那一晚，我從夢中哭醒後，情緒久久不能平撫，但又好怕自己把夢裡的事情忘記，連忙抓起床頭旁的手機，把還存留的情緒與記憶全都紀錄了下來。不過到現在，我都不敢去聽那段自己錄下來的內容；那時難過的心情，至今也仍無法遞減。

Daddy這輩子很辛苦的照顧全家人，現在我們比較有成就了，能好好孝順他，可是他老人家已經不認識我們了。更讓我難過的是即使我們以為我們有在孝順他，但也似乎只限於物質上的滿足。我好像不曾好好的陪Daddy聊天、關心他在想些什麼，而現在，面對這樣的他，想要了解他的想法，更難了。

從小到大，幾次我和父親的獨處，突然間變得好珍貴，我也好怕自己忘記那短暫卻深刻的時光。

那年準備考大學，我從來就不是特別用功的孩子，所以在考前的幾個星期，我向Daddy要求去宜蘭和他住一段時間，想要好好的準備考試。那時候我們全家已經搬到台北，只有Daddy還繼續留在宜蘭教書。我還記得當時和他一起從台北坐公路局的公車往宜蘭的路上，我說如果沒有考上大學，想要去學修車。對於考大學，我一直都沒有把握，總覺得自己的成績不夠好。可是我知道我對機械有興趣，喜歡修東西，所以才會和Daddy說出自己對於未來的安排。當時Daddy聽完只有淡淡地對我說，如果想要學修車，國中的時候就該去做了。他當下並沒有生氣或是責怪，只是覺得我不應該浪費高中三年才決定要去做這件事。

接下來幾個星期，我住在Daddy學校的宿舍裡和他一起生活。早上起床Daddy會煮牛奶麥片給我當早餐，然後一整天我會待在宿舍裡念書，他老人家則是到下午四、五點再去學校上課。雖然很多細節記不得了，但對於就只有我和Daddy在同一個屋簷下相處的身影卻深深地刻印在腦海裡。那一年，我考上了大學。

每次回家探望他老人家，我一定會去握握他的手。因為那雙手代表了我對Daddy從小到大的記憶。從有印象開始，Daddy的手就一直是很溫暖的，即使在寒冷的冬天。

我從小喊到大的Daddy，大家尊稱的老爺子，我的爸爸。一位個性木訥、有些嚴肅，教導我要寬以待人的父親。

此刻，我真的不知道該用什麼方式向Daddy表達我對他的愛，因為我不知道他是否能夠了解？他老人家現在在想些什麼呢？

Daddy，你真的不記得我了嗎？

「兩光」媳婦的告白

杜亞陵

我是最晚嫁進家裡的媳婦，又因為從事空服員的工作，經常在國外東奔西跑，所以在家的時間非常少。

時常在飛完長班的休假日，回到公婆家，一進門便窩在按摩椅裡舒服地補眠，任由兩個孩子在爺爺家吵個天翻地覆。我不知道公婆是怎麼看這個好吃懶惰的媳婦？但他們從來沒說過我。

以前聽外子提起公公是個嚴肅，脾氣不好的教導主任，這一點真的很難說服我，我只相信自己親眼所見，我眼中的公公，是個酒量佳不多話的老好人。

有幾次，公公的老友約公公飲茶，聽紅包場，公公都會問我沒事的話要不要一起去？其實，我老早就想見識見識紅包場文化，對於公公的邀約，自然是開心的不得了。中午先和幾位爺爺們約在茶樓吃港式飲茶，整個餐廳都是差不多年紀的老伯伯，一眼望去，還以為這兒被包下來開同學會咧！飽餐之後轉往西門町紅包場聽歌，公公和友人們固定捧幾位歌星的場，這幾位歌星大姐也會特別為他們獻唱，他們之間，不是一般的偶像和粉絲，倒像是相熟的朋友在舉辦小型歌友會，熱鬧有餘，誠意十足。公公會向大家介紹我是她老三的媳婦，大夥兒對我的稱讚，使得公公很有面子，尤其是「孝順」。因為，會陪伴公公吃飯聽歌的媳婦真的不多見，可見公公是有用心觀察過我的，玩樂正是我的強項，他讓我從刻板的好媳婦窠臼中跳脫出來，適時地發揮所長，自由自在的做我自己。

近幾年，公公的身體雖然還是很健康，但失憶症卻惡化的好快，好幾次他指著妞妞和弟寶問我，這兩個是誰的孩子？我笑着回他

「爺爺，他們是你的孫子啊！」更有幾次他提醒我說，已經天黑了，怎麼這麼晚還不回家……？當時我很想回他些什麼，但話到嘴邊卻發不出聲來，突然驚覺公公的病情比我們想像的還要嚴重，我知道公公已經不認得我了，但是當他看到我，還是會善意的關心我。

感謝爺爺，如此愛護我，從未嫌棄過這個兩光的媳婦。

（本文作者為劉家三媳婦，任職於航空公司，不僅工作出色，也生了一對活潑可愛的子女。個性樂觀直爽的她，是三個媳婦中最能夠陪公公喝兩杯的。）

像爸爸一樣的爺爺

劉想想

「嗶…嗶…嗶……」，加護病房裡的心律錶微弱的響著，看著爺爺瘦弱的身子，兩顆純真又渴望的眼球盯著我看，好像是在說「這裡是哪裡？我好想回家」，不知怎麼地，眼眶裡的淚水就這樣一滴一滴的落下來，怎麼樣都止不住了。

大年初三，正當所有人都還在歡喜慶祝農曆年時，爺爺進了加護病房。收到這個消息後，在德國念書的我，心裡當然滿是著急，因為這已經不是第一次了。這一兩年，爺爺失智的情況是不斷的惡化，忘了我們是誰、忘了怎麼自己洗澡、忘了怎麼上廁所、甚至差點忘了怎麼吃飯。其實，這些情況都是大家預料到也做好心理準備的，但是我們卻怎麼也沒有想到，最嚴重不是他忘了那些事，而是他也忘記了怎麼「吐痰」。因為他忘了怎麼把痰給吐出來，導致那些東西一直累積在肺裡，造成了肺炎，也使他呼吸困難，才會進了加護病房。每天看著在台灣的家人們告知我們爺爺不穩定的情況，實在是好擔心、好難過。不到一個禮拜的時間，在國外的我們也決定趕快回去台灣看爺爺的情況。

在回台灣前的那兩三天裡，我想起了好多好多只有我和爺爺過去的回憶。記得，當爺爺還清楚的時候，他教了我很多的東西、每天送我上下學、還有當我難過、被爸爸媽媽罵的時候，爺爺總是會問我說「誰把你弄哭了？爺爺幫你出氣！」而這些事情，只要每想一段，眼淚就一直流一直流。

在那些我能想起的小時候的回憶裡，爺爺給我的東西可能甚至比爸爸多好多，因為爸爸總是很忙很辛苦，每天都到很晚才回家，等到他回家時，不是只能跟我講幾句話，就是我已經睡了。小的時候是爺爺去幼稚園接我回家，中午就下麵條、餃子給我吃；每天都會在家裡幫我把卡通錄影帶倒好帶，等我回家看；爺爺教我算數學、摺紙、下象棋、寫字、打牌、坐公車、還有講了好多好多故事給我聽……，還有好多好多的事情是我記得但是爺爺卻再也記不起來的……。

回到台北的我們，第一件事就是到醫院去看看爺爺的情況，那是我第一次看到這麼虛弱、這麼無助的爺爺，身上的管子、點滴纏繞著身體，他好像很不舒服、很難過但卻不知道該怎麼表達。而從小被他保護到大的我，卻只能無能為力的看著他，握握爺爺的手，告訴他說，「爺爺，我回來陪你了」。我想，從來沒有生過什麼大病，總是保持著健康的身體的爺爺，大概怎麼也不會想到，有一天，他還是會被送到冰冷冷的病房裡，靠這些醫療器材的幫助，維持他的生命吧。

在台北的每一天，早上十點半，晚上七點，我就準時站在加護病房的門口等著進去看看爺爺，跟他說說話，不管他是不是能想起我是誰。這個時候我才發現，當他還在家裡的時候，我真的好少陪他。回德國前的最後一次，我告訴爺爺說，「爺爺，我要回德國了，你要加油好嗎？等我下次回來的時候，我要『回家』抱抱你喔！」

對著鏡中的自己說話是一種甚麼樣的心情狀態

這種鏡面影像效果　為什麼會讓失智的人如此著迷

失智者對鏡中影像的認知在慢慢的退化

他看到的是甚麼　退化到連自己的樣子都不認得

以後的某一天　當我的腦子開始退化的時候

我希望有人可以提醒我　然後

我就可以開始記錄我腦中所思所想的一切

這樣應該有助於人類對這種病的研究吧

即使　三個月後我看不懂三個月前的東西

但　畢竟是一段值得記住的退化

現在不再

劉鎏

在這個世界上，父親最愛的是甚麼呢？最令他感動的一刻是甚麼時候？有沒有哪一首歌哪一個地方或哪一個人是他原本打算記一輩子的呢？

其實，我對父親的很多記憶也在漸漸的模糊當中，就跟父親對他的人生一樣。只是父親比較徹底，而我，還像是沙灘上的足跡一樣，潮過之後，仍留有若有似無的樣子。

幾年前曾經看過一本書，後來被改拍成電影，叫做博士熱愛的算式。書中的這位博士只有80分鐘的記憶，一旦超過這個時間，記憶就會自動歸零並重新開始，看書的那時候我是羨慕這樣的記憶的，不管好的不好的事情，只要快樂或難過80分鐘，然後就全部重新再來過。但是，當老人失智這樣的事情發生在自己父親身上的時候，我的心情卻完全不是看書時候的那麼回事了。

記得2005年，我從香港回家，開始覺得父親看我的眼神有所不同，我問他，知道我是誰嗎？他有點害羞的說，很面熟，但記不得了。我說，我是妳女兒啊。父親鬆開臉上的肌肉露出笑容說，那真是榮幸呀。

喜歡握你的手

我喜歡握父親的手，不只因為自己的一雙手簡直就是他那雙手的翻版，更多是因為，父親的手總是暖暖的，不管在任何季節。可能因為他是個東北人吧，我以前總是這麼想的。在那麼一個冰冷的世界裡出生，滿月，然後一歲兩歲，雖然五歲那年移居到北京，但總要有一點甚麼與我們這種在亞熱帶島嶼出生的人有所不同吧。

可能正是因為他是在那樣寒冷的地方出生的關係，所以從小睡覺的時候他總是會特別把我們蓋的棉被嚴嚴實實的ㄨㄛ到我們每一個人的身體底下，他說，這樣風就進不來了。他的這個習慣還一直維持到我們幾個小孩長大成家之後。只要回到板橋家來住，不管是一個人或者兩個人，父親都會在我們睡著的時後偷偷進到房間裡來幫我們把被子蓋好。即使因為天氣熱而把腿伸到棉被外透氣，只要被他發現，他馬上就會把壓在腳下的棉被拉出來，然後為我們再蓋回去。在父親開始有失智的症狀出現後，一個晚上他會重覆這樣的動作好幾次。

「爸爸來過了，但是他又忘記了……你看，他又來幫我們蓋被了……」我這樣跟枕邊人說，然後兩人笑到睡不著。

喜歡被你高高的舉起

從宜蘭搬到板橋的時候，我才剛念小學五年級，還記得那一年的國慶煙火在淡水河的六號水門施放。對於可以在台北親眼目睹國慶煙火的宜蘭小孩來說，簡直就是一種夢想成真。那一天晚上，父親帶著我們（哇，我其實已經不記得還有誰一起了……）從家裡一直走到華江橋上，一路上人愈來愈多。走到橋中間時已經無法再前進了，雖然擁擠的不得了，但我還清楚的記得那時的興奮之情。然後轟轟轟的煙火聲音出現了，夾雜了群眾的歡呼聲。幾乎每轟一次就會有一次群眾的哇緊接在後。但是……我，那時的我根本就甚麼都看不到，我只能呼吸到一點夾著汗臭與硫磺的空氣，我能看到的只是大人們的背和肩膀。在我簡單的腦袋還沒來得及自行解決眼前的困境時，突然，我被高高舉起，父親在人群中用他的雙手把我高高舉起。「哇——」我大叫著，我非常清楚的看到了像花朵一樣在夜空綻放的煙火，紅的綠的紫的……我高興的要瘋了，我想那時我的雙眼一定也閃爍著跟煙火一樣明亮的光芒吧。也不知道父親就這樣的舉了我多久，只記得父親放我回到地面的時候，我的兩腋痛極了。我沒有說謝謝，因為那時的我不會知道也還不會去想父親的雙手該有多痠痛，我唯一的感覺就是，我的腋下被撐的痛極了。這真是一場夾雜著肉體痛苦記憶的煙火欣賞。不過正因為如此，一直到現在，我都是一個喜歡看煙火的人，但再也沒有任何一個關於煙火的記憶可以深刻到取代被父親雙手高高舉起的這個了。

好想更了解你的人生

父親到目前為止的人生，也許還用不上精彩豐富或者成就非凡，但他確實經歷了那一代人所能經歷的一切。在東北出生，然後在北京念小學，小學還沒念完就到當時的大後方四川避難念書，抗戰勝利之後回到北京，但沒多久就被共產黨趕到台灣，當時才20歲的他，東奔西跑過的路就比很多人一輩子走的還長。沒想到大學畢業服兵役的時候，竟然還趕上了823砲戰，父親喜歡提起這段，他說，他當時是揚字號艦艇的補給官，他們的艦艇在台灣海峽的彈雨中穿梭著……

與爺爺不同，父親安靜的時候比較多，大家都說因為他是AB型天蠍座的關係，所以比較「隔路」，用台灣習慣的語詞來說，應該就是龜毛的意思吧。但是我們總是猜想或許父親年輕時接受過情報或特務的訓練，所以惜字如金很難從他嘴裡套出些甚麼來。在北京生活的時候，我曾經寫了一則短文放在部落格上：

永遠消失的電波

他一直不知道
在四月二十四號凌晨所送出的那些電波
原來一個也沒到達目的地
它們就像是曾經被吹到半空中的葉子一樣
才一升空
就因為氣流的不配合而落下
其實哪兒也沒去的留在原地
所以 他算洩漏機密嗎
間諜的罪名可以因此成立嗎

他特派員003的任務從來沒有達成過
這將是他這輩子最大的不解與遺憾
他將一輩子生活在恐懼的陰影之中
不過這也是他因此能活到八十大壽的最大原因

當時只是好玩，想像了一下年輕時在北京的父親不知道是甚麼樣子的。結果每個朋友都問我，裡面的這個003應該就是伯父吧。現在看來，不管是我的異想天開還是事實，這都是個無解的謎題了。每個小孩都應該曾經幻想過自己的父親是一個很「特別」的人吧，而我，從小就希望我的爸爸不只是一個老師，希望他到晚上就變成一個滿頭紅髮的搖滾歌手或者有著某種特殊身分，例如情報員的這種狠角色。現在，當我自己的人生都已經過去大半的時候，我才理解作為一個「普通」父親其實是比其他的人生角色都要更難更辛苦。一個稱職的普通父親，他可能犧牲了很多生命裡的愛好，才能讓自己把生活重心放在家庭和孩子的身上。忘了自我，才能成為一個普通的父親。

爸爸，你其實一點也不小氣

與母親圓滾滾的好人個性不同，父親完全是一個有稜有角的人，跟歐洲那些古老的雕像很像，安靜，冷淡，眼神嚴肅。幾乎所有的親戚小孩都很怕年輕時候的父親。加上對錢的小心使用（或許我應該直接用「吝嗇」這兩個字），從小我就覺得父親應該是個很沒有生活情趣的人，沒見過他送母親甚麼禮物，即使是母親的生日，他也只是偷偷帶著母親兩個人去三角公園吃魷魚而已。然而，在我小學的時候，我卻看到了父親很溫柔大方的一面，不是對母親，而是對他唯一的女兒，也就是我。

記不得是哪一年與為什麼了，我跟父親從宜蘭到台北，回程的時候，我們停留在台北火車站。那時，火車站的周圍算是熱鬧的，有幾家西餐廳和一家速食店。我和父親坐在火車站的大廳裡等車。

「爸爸，西餐廳就是賣牛排的嗎？」我問。小時候哪吃過西餐，當時在宜蘭最厲害的一家餐廳是大水溝邊的一家日本料理店，「今日」日本料理。西餐，都是在電視裡的美國影集裡才看得到的。

「嗯。」惜字如金的父親回答。

「西餐廳的牛排是用烤的嗎？很大塊嗎？」

父親看了一下他的手錶，確定距離我們火車出發的時間。

「我不知道要民國幾年才能吃到牛排呢……」我繼續牛排的話

題。

然後，父親甚麼也沒說的站了起來，帶著我走出了火車站。

接下來，我在一個叫做「綠灣」的西餐廳裡吃著人生中的第一塊牛排。還記得那是四人座的方桌，父親坐在我的左手邊。然後那牛排被放在亮白的瓷盤裡，上面淋了醬汁。雖然現在我已經完全回憶不出那第一塊牛排的味道了，但我卻因此決定以後絕不要再說他是一個小氣吝嗇的人了。

懂事之後，當然清楚了為什麼父親要這麼小心的使用每一分錢，他的大部分的人生都是在為這個家庭付出，所以沒有明顯的個人嗜好，沒有培養出任何一個需要花錢的品味，他就像自己的名字那樣，身為一個長在田裡的樹，就要知道自己的本分是甚麼，並對這塊土地不離不棄。

「博士熱愛的算式」裡的那位博士，雖然記憶只有80分鐘，但是他卻用簡單的數學公式，驗證了愛的永恆。而我這位同樣在數學上有長才的父親，卻用他一生的時間驗證了親情的永恆。雖然他現在根本不知道我們誰是誰，但是就像大哥說的，那並不重要，只要我們記得他是誰，記得他為我們所付出的人生就行了。

從小，我就中了你的計

雖然父親是個老師，但是對我和哥哥們的教育態度卻是很開放的，他不逼我們念書，反而比較重視的是我們是不是都有足夠的睡眠。這點真的很奇怪，如果父親看到我和哥哥們在看電視，絕對不會說，去看書吧，不要看電視了。相反的，卻是說，不要看了，去睡覺也比看電視要好啊。他表現對子女大方寵愛的方式，真的很特別。

父親有自己的一套原則，記得小學畢業的那年暑假，大部分的同學都到補習班去「先修」英文，但是我卻被父親留在家自修，聽著唱片學英文。（說到這裡，我想更正我哥哥們的記憶，他們老是說我們聽的是趙麗蓮的唱片，但我卻記得很清楚我的音標老師是一個男的，應該是就那時候聞名英文補教界的吳炳鍾先生才對。）那時我是一個正常的小孩，哪有正常的小孩會在炎炎夏日反覆認真的聽一個素未謀面的老師說著奇怪的語言呢。當然，幾個星期之後父親給我的小測驗我完全通不過，我連26個字母都記不全，怎麼還能念出舌尖要放在門牙後的「L」呢？只記得當時父親也沒生氣罵我，只是幽幽的說著「這幾條小蟲一樣的東西很難記是吧？」

我點點頭。

「那就不要記了，念書最苦了，我看國中就不要念了吧，妳就到家附近的工廠去做工好了，也沒有考試，每個月領的薪水只要給我1／3就好，因為你還住在家裡，所以就當作是付房租好了，然後剩下的2／3你想怎麼用就怎麼用，你想想看，到時候有哪一個同學能像妳這麼有錢，要買什麼就可以買甚麼……」父親一副好心好意的樣子說著。

記得我那時確實認真的考慮了一下，但是一想到所有的同學都進國中念書，如果只有我一個人去工廠那我不是會很寂寞嗎？於是，我最後還是選擇了把26個像小蟲一樣的英文字母背熟，並且也反覆的聽了吳炳鍾先生i~i~了上百遍。

此刻暑氣逼近，空氣潮濕停滯，那個念英文音標的暑假又清晰出現眼前，萬一我當時真的接受了父親的建議去了工廠呢？他這種以退為進的教育方式其實是很讓人摸不透的，不知他自己有沒有想過可能出現的後果，還是，他早就看透了我的個性算準了我怎麼樣也逃不出他的五指山，所以他才能那麼悠然的提出那種建議（甚至後來我還跑去念曾經讓我那麼受罪的英文系，老天），回頭想想，原來我那時就已經中了父親的計了。陽光為樹叢灑下陰影，一如父親在那年夏天就為我的人生佈好了局一樣。

終於，我在你懷裡哭了出來

2005年我從香港搬到北京，一方面為了念書，另一方面是為了可以更獨立的解決自己的婚姻問題。我雖然是家裡的老么，上面有三個哥哥並得到寵愛，但也幾乎沒有闖過禍為父母添甚麼麻煩，一切都順順的走著，除了我的感情和婚姻。在北京的那幾年，幾乎每個夏天母親都會帶著父親前來北京和我同住一段時間。然而每次見到父親，他也就退步一些，他開始會對著鏡子裡的自己說話，他會把電視遙控器藏在面紙盒裡讓大家都找不到，因為聽力變差所以更為沉默，他經常遙望遠方，無法清楚的對話，讓他變得不太像是我的父親，好像只是一個熟識多年的長輩而已。我跟他之間不再有深刻的交流，我只能陪他玩敬禮的遊戲，然後抱抱他親親他。然而，當我以為我與父親的關係只能像數學的線條一樣，只能有長而無闊也無厚的時刻，在某個清晨，他卻把我從一種悲哀的生活內容中解救了出來。

那個清晨我做了夢，夢到前夫與他的女友，他的女友大著肚子……我驚醒過來然後跑到父親的床上（那時母親跟阿姨們已到早市買菜），我窩進父親熟睡的懷裡，我抱著他，看著他熟睡的臉，我終於忍不住的放聲大哭起來。我想，我始終沒有放下這一切，我自以為我的心堅強的就像一個水泥攪拌機，不管甚麼情緒甚麼大事都會被我磨到均勻，但一切卻不是這樣，事實是，我從來也沒有從這件事情中釋放出來，直到這一刻。因為自己的愛面子，所以一直沒有在家人或朋友面前掉淚，我不願意表現出軟弱真實的那一面，我以為我不需要人家過多的可憐或疼惜，我以為我不在乎。然而那個清晨，我在一個最為熟悉信任的懷抱中，狠狠的哭了出來。我知道他耳朵不好，所以就算我哭再大聲都不會把他吵醒，因為他失智，所以我才敢表現出最真我的那一面，我知道他不會笑我，因為他連我是誰都認不出了。也還好他失智，他才不用去煩惱小女兒的這些委曲困頓。

因為一個人過太久，常常會誤以為自己的喜好厭惡就是全世界的煩惱或喜悅，心胸眼界於是窄小。我也於是發現，健康的健忘未嘗不是一件好事，千頭萬緒到頭來變成兩三件大事而已。開始瞭解放手與忘記的美妙，這樣的體會，卻是在父親失智的人生裡所得到的。

很多人都說，女兒是父親上輩子的情人，我想，以我跟父親這麼不同的個性與人生愛好，我們上輩子應該是一天都說不上一句話的情人吧，所以，我還是做他的女兒比較好，就算再壞再不乖他也不能跟我分手，還得繼續的寵愛著我。

是的，如果有下輩子，爸爸，我還是要做你的女兒。

「妳現在比以前好」爸爸說

「為什麼？」我問

「因為妳現在知道要對誰好對誰不好……」

父親努力的呼吸，就為了要回家。
我們都是這樣想的。
經過了兩個月的加護病房與呼吸照顧中心的生活，
父親回家了。
只是他不能和以前一樣的在家隨意踱步。
雙腿無力的他開始以輪椅代步。
還有，得靠鼻胃管進食。
後來我們才知道，
對於失智老人的照顧，我們實在了解的太少了。

爸爸抱抱

劉鋆

2012/4/28

父親在2012年4月22日清晨往生了。我無法形容對他的思念，雖然他只離開我們一個星期而已。

那天早上接到了母親的電話之後，志宏和我從林口趕回板橋，和往常一樣，我對父親說：「爸爸抱抱」然後我輕輕的靠在他已經變涼的身軀上，那時，他已經離開我們三個小時了。志宏跟我說，不要哭，要不妳爸會捨不得走的。都說人往生之後魂魄會在身軀附近停留一陣子。我多麼想知道，那時候的父親是不是也是含著淚水看著我們來到他身邊。離開了人間世的他是不是就不在意他在這八十幾年來的成就或犧牲。還有，他的記憶是不是能夠因為遺棄了軀體而能有所翻新？那最後幾秒鐘他是不是能重新想起他的人生？還有，我們是誰？

我永遠也無法知道這一切。人類對這些事情如此的好奇卻又知道的那麼少。

送父親到第二殯儀館時，眼淚無法停息，這麼熟悉的一條橋，跟父親不知一起同行過多少次，但，這次真的是最後一次了。我其實還有好多問題要問父親的，我想知道父親為什麼當年會選擇「板橋」落腳，只是因為這裡的天比起南港內湖新店不容易下雨嗎？陽光，真的是他當年選擇的原因嗎？在台灣有人會因為這樣的原因選擇住的地方嗎？為什麼他到台灣這麼幾十年了，還像個北方人一樣的挑選棲息之地。我的爸爸總是有著自己的一套理論，有時會覺得他不夠大膽，有時會覺得他太過封閉，但不管如何，這都無礙於他成為一個顧家的好父親。

父親的人生就在睡夢中畫下句號，就像冬日落葉一樣的無聲無息，這是一種美好的結束，至少，我們做兒女的是這樣的想的。

乘風而去

劉銘

家住板橋三十多年，從板橋到台北或從台北回板橋，幾乎都是行經華江橋。我走過華江橋的次數有千百次，然而此次從台北行經華江橋回板橋，卻是要見老爸的「最後一面」。

復康巴士走在華江橋時，凝視著橋下潺潺的流水，思維帶我走入了時光隧道。

九歲那年，爸爸揹著我送我去台北市立廣慈博愛院，即使我是殘障者，卻從未見過那麼多的殘障朋友，有的匍匐於地，有的撐著枴杖走路，還有的一跛一跛地走著。我看見這些人十分的緊張不安，於是問爸爸，我是否可以不要住在這裡。

猶記爸爸告別時，注視著他的背影消失離去，我難過得放聲大哭。我在想，爸爸這一消失離去，我是否再也看不見他了。所幸他並未遺棄我。

在廣慈住了十三年，此後每年的寒暑假結束，當爸爸從家裡送我回廣慈時，每一次看著他的背影消失離去，我還是會哭，害怕他從我的世界中不見。

四月二十二日清晨，在睡夢中接獲大弟劉鈞的來電，傳來老爸已於清晨六時不幸過世的惡耗。享年八十四歲。於是我們一家三口立即前往板橋家，當跨進家門步入房間，看見老爸安祥自在地躺在床上，就像睡著了一樣。

老爸真會選擇日子，選在一個星期日大夥兒都在國內、不需上班的日子，或許這就是老爸的個性，他向來低調，不喜歡麻煩人家，沒想到連他的往生依然故我。

上午時分，大家在一起喝喝茶，聊聊老爸過往的情事，看看一些舊照片。中午的午餐吃水餃，如此的情景，宛如除夕夜才會出現的時光。

下午二時，禮儀公司的人來搬運老爸的大體送往殯儀館，當大體移至家門的剎那，我的淚水潰堤，臉部肌肉無法控制地抽搐著，這是我從未有過的情形。因為我知道，這一次老爸的消失離去將是永遠地消失離去。

我的岳父比我老爸提早三個星期辭世，我很想問老婆，「以後妳再也沒有爸爸，妳心裡的感受是什麼。」為了不想讓老婆感傷哀痛，這句話我始終未問出口。

如今，我自己就可以問自己這樣的問題，「從今以後，我再也沒有爸爸了。」突然間我發覺，老爸雖然從此走出了我的視線，卻走進了我的內心世界。

老爸晚年罹患了老年失智症，初期的症狀就是他常掛在口頭說的，「我的忘性比記性好。」一到了後期較為嚴重時，他已經完全忘記了我們和在他身上發生的所有事情。或許如此地「忘記」，何嘗不是一種幸運，至少他忘記了住在加護病房治療時的疼痛，或許他也忘記了他從未離開我們。

華江橋下的河水依然潺潺地流著，似乎訴說著老爸已卸下了人世間的勞苦重擔，了無牽掛地乘風而去。

屬於我和老爸的一場電影

劉銘

老爸火化禮拜的前一天晚上，老媽請了家附近教會的林長老，帶領我們家族做了一個家庭禮拜，大夥兒一起分享和老爸之間的一些小事情或小故事，藉此緬懷這位可敬可愛的父親。包括遠在德國的小芬都帶著想想、揚揚回來了。

由於老媽是基督徒，所以老爸的後事皆以基督教的儀式辦理，這是她的堅持和決定。這樣挺好的，少了佛教或道教的繁文縟節，且符合老爸行事低調，不喜歡麻煩人的個性。

妹妹說起了老爸帶她去綠灣西餐廳吃牛排的事情，這是她第一次吃牛排。這塊牛排裡，除了包含第一次吃牛排的期待和美味，也蘊藏了一向自奉節儉的爸爸對子女的愛。妹妹的分享，喚起了我塵封已久的往事。

應該是在九歲前，尚未去廣慈博愛院的事情。有一段時日，每晚臨睡前，老爸會為我殘障的雙腳，進行「扳腳」，何謂「扳腳」，套句現今的用語就是「復健」，藉以好讓我的殘肢不致扭曲變形。

我不知老爸如此扳腳的技術，是如何學來的，但若以我現在的觀點來看，儼然是「土法煉鋼」，因為在進行的過程中，疼痛之感往往讓我又哭又叫，苦不堪言。結束後，已是滿身大汗。

有一天晚上，當扳腳結束後，趁著弟妹熟睡時，老爸居然說要帶我去戲院看電影，他說扳腳很痛，我卻很勇敢，所以要帶我看電影；在記憶中，這應該是我第一次看電影，屬於我和老爸的美好時光，即使我已經完全不記得電影的名字和內容了。

此後，扳腳似乎變得不是那麼地疼痛難耐，我心想，或許扳腳之後，就有電影可以看了。這應該是我生命當中，老爸帶我看過的唯一一場電影了。

如今，老爸駕鶴西歸、乘風而去，然而在我的心中，我和老爸互動的點點滴滴的溫馨電影，才正要上演。

再會了，特派員

劉鋆

「你聽到甚麼消息……」爸爸問正在上網的我。
於是我又想起了特派員003的故事

電波消失的瞬間　看不見　摸不到
只是一種感覺
003的臉一陣紅　一定是如此的　否則怎麼開始有血脈賁張的感覺
沒有被竊聽的跡象
但是時候準備離開這裡了
趕緊毀掉可以毀掉的一切吧
連指紋也得小心擦拭

燒掉一切會不會比較快呢
但是記得當時接受訓練時的手冊第三條
就是　盡其所能的不要引起注意
放火燒　應該是剛好相反的原理吧
「但是真的不想失去生命中最寶貴的東西呀」
003好為難
就連指紋也在灰塵的桌子上日久生情了
怎麼捨得就這樣擦拭
並且　這樣一擦真的就結束了嗎
萬一真的就這樣結束了　那可怎麼是好呢
趕快仔細想想　一定還有甚麼更好的方法

特務的下場真的只有一種嗎

有沒有一種測驗 讓這些年紀大了 退流行的特務們

可以無害的退出這個圈子呢

變成一個平凡人

如果假裝失去記憶也是判斷可不可以成為平凡人測驗的一環呢

自古以來 應該有很多特務這樣做過吧

但是可能沒有一個做的像003即將要做得如此徹底決絕

為了變成一個正常人 過正常的生活

不要活在電波的陰影之下疑神疑鬼的

電影裡的特務為了找回記憶而拼命求生存

003卻剛好相反

如果不忘記　他是無法繼續生存下去的

他最終是要鋌而走險的做點甚麼

他知道的　就在花火最為燦爛的那一刻……

●對於人類的大腦，我們真的理解的太少太少。

●有時我們做兒女的會想，如果我們對失智症的了解可以更多一點

●那麼，我們是不是能讓生病之後的父親的生活品質更好，也能讓照顧他的母親與菲傭對他奇怪的行為方式更理解一點呢？

也於是，我們特別參考整理了有關失智症的書籍與文章，如果這些知識和常識能對家中有失智老人的讀者有一點點的幫助，那麼就是就是這本忘記書的最大意義所在了。

你必需知道的＝與≠

劉鋆 整理

失智≠正常老化

自古就有句話說「人過三十不學藝」，這是說年紀大了不容易學新的東西新的把式，所以得趁年少習藝。但為甚麼呢？因為除了手腳開始不靈活之外，隨著年紀的增長，記憶力學習力自然就會降低。年輕的時候學習的技術雖然會因為年長而變得沒那麼熟練，但是愈年輕所習得的就愈能成為「本能」的一部分。好比彈奏樂器，小時候學的，到老的時候也許並不能依然熟練，但卻能像本能一樣的跟隨自己，並且經過練習就能駕輕就熟，與年長後才學習的，有很大的差別。當然，古時候的人因為壽命不長，所以過了三十就好像步入中年，不像現在五十歲的人彷彿才是中年的開始。

但是，失智絕不是正常老化的一部分。

正常的老化，可以偶爾丟三落四，但卻不能連時間和空間都跟著錯亂，並且連基本的自主能力都喪失。失智，是一種疾病，指的是全面性的心智能力逐漸喪失，包括思考能力、記憶能力、判斷力、知覺、時空感、理智、學習能力、及解決能力，而病人本身並未感受到以上感官知覺的改變，仍保持意識清醒、身體功能良好，甚至仍具警覺性。失智症發展到最後階段，心智功能將全面喪失。想來很悲哀，但是患者自己卻毫無意識，毫不知情。

記憶力減退≠失智

如果有人看過「明日的記憶」這部電影，應該對於失智的徵兆有所了解。一個才剛要50的事業有成男子，很難想像自己竟然得了失智症，以為只是生活壓力所致，所以才會出現記憶突然空白，原本很熟悉的人名突然怎麼也想不起……

我們都曾經有過這樣的經驗，跟朋友聊著天，說起某一件事，某一個人，正當要說那個人的名字的時候，明明到了嘴邊，就怎麼也想不起那個人的名字，然後開始敲腦袋罵自己的說老了老了，想不起來了，但是另一方面卻又不服輸的偷偷的絞盡腦汁的想著，然後，可能在十分鐘之後，話題已經結束了，才突然又從口中說出那個名字，這才鬆了一口氣。這種所謂的「舌尖狀態」其實是正常的，因為專注力的關係，使得我們腦中的記憶編碼或提取功能會突然發生改變，所以記憶會有所疏失，明明是很熟悉的，卻在一瞬間突然怎麼也想不起來。「冰箱門效應」也是這樣的，明明就要去冰箱拿牛奶，但是一打開冰箱門卻突然愣住，心想「我是要來拿甚麼的呀？」看了一圈，幾秒後才突然想起原來是牛奶。

我們可以容許記憶犯錯，但是自己要知道犯的是甚麼樣的錯誤。考試的時候我們會憑記憶來做答，往往答錯，這也是正常的，你可以說不完整昨晚餐桌上的菜色，但是卻不可以不記得曾經吃過那頓江浙餐廳。失智者常常會搞錯時空，經常會在剛剛吃完午餐後就問，什麼時候吃飯？怎麼還不吃飯呢？也因此會讓飲食不規律，如果沒有專心悉心的照護的話。

如果不止記憶的內容不清楚，甚至連整個情境都忘記，那麼就是真的出了問題了，正常的腦部運作通常只要提供一點線索就可以讓事情被回想起來，細節容易被遺忘，但情境不容易忘記，所以如果發生這樣的狀況，就應該開始詢問醫生，並做檢查。

帕金森氏症≠失智症

很多人也對帕金森氏症是不是失智症而感到恐慌。其實，帕金森氏症跟失智症並無直接關連，但是帕金森氏患者中有10%-40%會合併失智症。

腦中風的病患與失智症的關係

腦中風的人得失智症的機率比一般人要高出兩三倍。而腦中風後所引起的血管性失智症是有機會可以治癒的，但如果不積極接受治療的話，一年內的死亡率將高達五成。腦中風的危險因子很多是跟失智症有所重疊的，例如，高血壓，糖尿病，高血脂，菸癮等等。若治療得當，初期血管型失智症的病人有近三成可明顯進步到脫離失智病況。

失智症跟很多疾病一樣，都有「前兆」

很多人都很想知道，失智症的最最初期是不是有跡可循，我們還是可以回到「明日的記憶」這部電影來看看。片中的主角開始想不起每天一起工作同事的樣子，每天上班經過的地方也變成了陌生的風景，明明很熟悉的路，卻開車繞來繞去就是找不到出口，弄錯與客戶約定的時間，同樣的洗髮精每天被重複買著，因為他根本就忘了自己曾經買過……然後他開始懷疑，真的是因為50歲所以變的健忘了起來嗎？

以下有一些症狀，可以幫助我們來自我提醒，是不是可能得了失智症：

- 記憶力衰退或異常
- 無法操作過去熟悉的工作
- 說話表達困難
- 對人物，時間，地點感到混淆
- 判斷力，警覺力變差
- 無法思考複雜的事物
- 東西擺放錯亂或亂藏

●容易激動，發怒或有攻擊行為
●個性急劇改變
●對生活事物失去興趣

當然，以上的很多初期症狀是連自己也無法發現的，反而需要身旁的人來提醒。「明日的記憶」裡，就是太太發現了先生的改變於是要求先生到醫院接受檢查。在電影中，醫生做了簡單的詢問，例如，今天是幾月幾號，星期幾，現在幾歲，這些問題患者看似簡單不以為意，但卻沒想到這些幾乎不是問題的問題，竟回答的那麼不確定，連自己都嚇了一跳。當然，像「櫻花，電車，貓」那三個名詞的測驗，也變成了這部以失智為主題的電影裡被人所記憶的一場戲。

正常來說，如果到醫院接受失智的診斷時，醫生通常還會幫病人做神經醫學檢查，認知功能檢查和其他一般實驗室的檢查，像是抽血，核磁共振或電腦斷層掃描。所有的檢查都是為了能夠找出是何種原因造成的失智症，才能用正確的治療方法與藥物，雖然機率不大，但不能說完全沒有機會。造成失智症的原因有很多，如果能早期發現還是可以治療或改善的。失智症分為可逆與不可逆，視疾病的成因而異，雖然大約只有10%的可逆，但是如果可以早點被診斷出來，還是有機會延緩整個退化過程。

阿茲海默＝失智　失智≠阿茲海默

阿茲海默症是由德國神經學專家Alois Alzherimer在1908年所提出，因此就以這位神經學家的名字來為這種疾病命名。簡單的來說，阿茲海默症是一種大腦逐漸退化的過程，主要的特徵是明顯的記憶力喪失且逐漸惡化，性格改變，語言能力退化，認知功能惡化，最終至無法自理生活。阿茲海默症也是老人失智的最主要原因，在美國佔了所有老人失智症的2／3。所以說，阿茲海默症一定是失智，但是失智並不全部是阿茲海默症。

其實，阿茲海默症是有一些危險因子的。

第一就是年齡，年紀大仍然是這個病症的危險主因，85歲以上的老人，將近有一半都患有老人失智，所以活得愈長壽，可能得病的機率就愈高，平均每增加4.5歲，發生率就增加一倍。因此在台灣這個老人比例愈來愈高的社會，老人失智者也將愈來愈多，這會讓照顧及醫療的費用愈來愈龐大。

第二個危險因子就是家族病史，大約40%的病人近親中也患有阿茲海默症，這是跟染色體中有不正常的基因有關，這種基因是顯性遺傳，也會使失智提早發生。

第三個危險因子就是頭部受傷，因為頭部外傷造成腦細胞喪失或加速大腦老化斑塊的形成。

當然，鋁元素過量，甲狀腺功能異常，糖尿病，心衰竭，中風等等也和老年失智有關。

要怎麼樣才知道是不是罹患了阿茲海默症呢？其實現在已經有一套診斷標準，準確度可達90%，主要包括：

- 發病年齡從40歲到90歲，但是大多數是在65歲之後。
- 緩慢進行的病情，且逐漸惡化。(六個月以上)

● 記憶力喪失加上至少兩種認知功能異常，並且影響日常生活功能。

● 由完整的測驗可檢查出來，如簡易心智功能檢查表(MMSE)。它簡單好用，對篩檢阿茲海默症非常方便，總分30分，若低於24分就表示有失智的可能，唯一的缺點就是對未受教育的老年人不能測，以及極輕微的失智也有可能被忽略掉。

● 已經排除其他生理及精神疾病的可能性。

當然，在診斷的過程當中，病人的意識和精神狀態會是重點之一。

阿茲海默症的臨床症狀有：記憶力喪失，語言能力變差，失去空間立體感和方向感，性格改變，認知功能障礙。因著症狀出現的先後和嚴重程度，病情一般分為三個階段。

讓我們再回到「明日的記憶」那部電影裡去對照主角的狀況，當他出現叫不出人名，記不住同事的臉，以及找不到平常熟悉的路的時候，他對這些感到憂慮，他開始翻查書本，發現自己的症狀跟憂鬱症很接近。其實，早期的阿茲海默症有時是很難跟憂鬱症分別的，而這也些就是阿茲海默症的第一期狀況，重複的問題一天可以問十幾次，叫不出東西的正確名稱，經常會以「這個……那個……」來代替，畫不出也看不懂立體的圖樣。於是，片中本來的部長，就再也不能勝任原來的工作，只能接受調職成為一個資料管理員。

然後，隨著病情的加重，病人的記憶力會愈來愈差，即使給提示也想不起來。也開始出現語言錯亂的情形，日常生活開始發生困難，無法穿好衣服，自家附近的街道也會迷路，基本性格雖沒有明顯的改變，但會變得不在乎，愛鬧情緒，孩子氣，出現幻想，開始不認得熟悉的家人和親友，甚至連鏡中的自己也認不出，甚至會跟鏡中人對話。這也就是阿茲海默第二期的症狀。

「明日的記憶」裡的佐伯先生，開始不能工作，回到家中被妻子悉心的照顧著，不過個性開始改變，也變得更沉默與封閉，甚至行為也出現問題，在這段期間，最辛苦的其實是照顧病人的家人，片中妻子一直守在先生身邊，費盡心力照顧著病人，甚至為了維持家計，不得不放下家庭主婦的工作重回職場。照顧失智者是最為辛苦的工作，需要無比的耐心與包容，因為病人根本不知道自己做了甚麼說了甚麼，所以你無法用對待正常人的方式來對待失智者。當片中主角佐伯先生連自己妻子也認不出時，對於這個在一起親密生活幾十年的妻子來說，心理的煎熬才是最痛苦的。然而，照顧者卻不能因此崩潰，還要繼續陪伴失智者走完接下的人生。

第三個階段的失智者，記憶力及認知功能幾乎完全喪失。病人不講話，或者講些含混讓人聽不懂的詞句，運動能力變差，開始大小便失禁，吞嚥困難，營養不良，體重減輕，活動力降低，吃東西容易嗆到，小便蓄積或失禁，常因肺炎或尿路感染而送醫，最後終於不治。

「明日的記憶」結束在佐伯住進鄉間的安養中心，恐怕導演和編劇也覺得停留在此就好，因為接下來會變得過於無奈於哀傷。

這是一個悲傷卻幾乎無法避免的過程，如何讓失智病人平安有尊嚴的過完一生，需要各方的努力，除了家人的不離不棄之外，更需要結合專業的力量，像是營養師，社工人員，居家照護與安養機構。

台灣目前已經有20萬個失智者，也約莫是二十萬個家庭必須承擔起看護者的責任，隨者人口老化，這個數字還會不斷的上升。未來要照顧失智者將成為這個社會很大的負擔。正視失智者與協助照顧已經成為當務之急。照顧老人，不止是照顧他們的身體，更重要的是心理，如果我們每個人能夠用照顧兒童1／10的耐心與包容的話，就是台灣老人之福了。

失智老人照顧資源

如果家裡有失智長輩，千萬不要吝於尋求援助，專業的照顧指導不僅可以讓患者的生活品質改善，病情漸趨緩和，同時更能讓照顧者有實質上的支持與協助。所以，不管是親自照顧或者雇請外傭或者聘用本國看護，都應當多方諮詢，才能事半功倍。

台灣失智症協會（02）2314-9690/ 0800474580 www.tada2002.org.tw

中國民國長期照顧專業協會（02）2369-0347 www.ltcpa.org.tw

天主教康泰醫療教育基金會（02）2365-7780#14 www.kungtai.org.tw

天主教失智老人社會福利基金會（02）2332-0992 www.cfad.org.tw

中華民國失智者照顧協會（04）2356-2525#3412 www.cdca.org.tw/

中華民國家庭照顧者關懷總會（02）2369-2426 www.familycare.org.tw/fcgnew/

台北市身心障礙福利會館（02）2531-7576　www.dosw.tcg.gov.tw

（請由台北市社會局網站進入）

財團法人高雄基督教信義醫院 www.kch.org.tw

中華民國老人福利推動聯盟 www.oldpeople.org.tw

高雄市社會局老人福利服務 http://www.kcg.gov.tw/~socbu/oldman/old_index.htm

高雄市家庭照顧者關懷協會 www.caregiver.org.tw

失智症資訊網 http://home.pchome.com.tw/health/ead/

台北市士林老人服務中心附設日間照顧（02）2838-1571　www.slsc.org.tw

聖若瑟失智老人日間照顧中心（02）2304-6602　www.cfad.org.tw

新北市頤安老人日間照顧中心（02）8953-3885

離別的時候
重要的不是要知道另外一個人去了哪裡
是在西方或者天堂
而是要知道　把我跟你們維繫在一起的情愛中
彼此有多少份量
重要的不是彼此相距的距離
而是我們過往的好　在你我心中的回憶
是不是一種剛剛好
剛剛好　所以不必日夜思念
請　拾起你們溫熱的眼淚
放開你們的手　任我飛翔

忘記書

作者 劉鋆 劉銘 劉鈞 劉鎧 劉想想 劉亮亮
黃裕和 盧蝴蝶 陳淑華 倪寒芬 杜亞陵

責任編輯 劉鋆
設計 Rene
發行人 劉鋆
出版者 依揚想亮人文事業有限公司
經銷商 聯合發行股份有限公司
地址 新北市新店區寶橋路235巷6弄6號2樓
電話 02-2917-8022
製版印刷 禹利電子分色有限公司
初版一刷 2012年/平裝
定價 300元
ISBN 978-986-88400-0-3

國家圖書館出版品預行編目(CIP)資料

忘記書：當父親是老年失智症患者時 / 劉鋆等作. -- 初版. -- 新北市：依揚想亮人文, 2012.06
面； 公分
ISBN 978-986-88400-0-3(平裝)

1.老年失智症 2.健康照護 3.通俗作品
415.9341 101010399